U0098333

我的父親與母親在南京結為連理（1936 年）

兩歲大在台中公園與母親合照

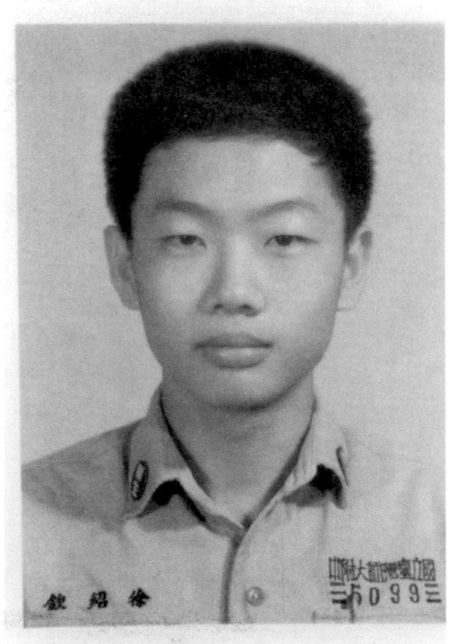

高中時代在台北師大附中

1974 年在金門當兵，官拜少尉排長，負責 40 輛 LVT 履帶式兩棲登陸車。

大學時代和美琪墜入愛河

1976 年娶美琪為妻，覓得終身良伴。

大衛和瑪麗 · 米勒（左三和左二）對我和美琪照顧有加，我從他們身上學到美國式的助人為快樂之本。我把他們當自己的家人。

1978 年，取得碩士學位。我把方帽和穗帶獻給美琪，她是我的賢內助，沒有她就沒有今天的我。

1991 年獲得年度全國中小企業總承包商獎，在白宮受獎，從當時的布希總統手上接過獎狀。

2001 年，搭乘 F-15 戰鬥機，飛上青天。我所成立的製造科技公司提供許多硬體和軟件給 F-15。

2007 年，接受布希總統指派，擔任聯邦中小企業管理局副局長。

2013 年我兒徐強大喜之日，一家四代同堂拍的全家福，座中包括我的母親、兩個女兒徐怡和徐潔，以及她們的另一半，還有我的孫子。

創新致富

從2萬到20億的創業之路

Guardians of the Dream

徐紹欽——著
Paul Hsu

重要好評

對美國這個國家所提供的機會，許多人都習以為常，需要像徐紹欽這樣的樂觀者來提醒我們，只要我們勇於做夢，就能實現夢想，有所成就。

——史卡伯魯夫（Joe Scarborough）

前美國眾議院員、MSNBC 新聞頻道《早安，喬》節目主持人

移民是自我實現和個人成就的典範，他們對美國的成長和地位貢獻良多，這是美國這個國家之所以了不起真正的原因，作者直指事實的核心。這是每個公民都該讀的一本書。

——諾曼．峰田（Norman Y. Mineta）

前美國運輸部與商業部部長

作者以滿懷的愛國情操，強調移民為美國所帶來的正向生命力，不論是過

重要好評

去或今天都一樣，讓我們必須正視，令人動容。

前美國駐聯合國大使
——徐熙泉

這本書出版的正是時候，它提醒我們，我們這個國家是建立在移民的肩膀上，他們的持續奉獻、創造力和努力使這個國家更富強。作者帶領我們走過他在追尋美國夢所經歷的起伏與好壞，也讓我們明白他愛美國，以這個國家為傲。

四星將軍
——威廉・科爾克 (William L. Kirk)

說到移民對美國這個大國所做的偉大貢獻，作者絕對是名正言順，順理成章。他以滿腔的自豪與智慧，告訴我們創業、正直、希望……這些特質的重要，鼓勵所有的人在移民之後，不只從此安居下來，還要努力工作，追求夢想。

鮑伊登全球執行搜尋公司合夥人
——肯尼斯・瑞許 (Kenneth M. Rish)

獻給我摯愛的母親和美琪
兩位對我一生影響巨大的偉大女性

Contents

開創屬於我們的「夢」

發行人 程顯灝

這本書講的是一九六〇年代的一個台灣留學生，在美國奮鬥創業的過程，在他眼中看到的是：自己美國夢的實現，是因為美國立國精神自由、清廉、創造力、機會跟包容，在這些特質包容下，讓他從到美國時身上僅有五百美元的身家，到現在的數千萬美元身價，雖然不是社會大眾聚焦的世界級首富，但這是他靠著和太太兩個人一步一腳印的打拚，創造出的美好人生。

我們常說：不要問國家能給我們什麼，要問自己能給國家什麼。在此之前，我是這愛國口號的忠實支持者，但是看完這個故事後，我覺得，國家該給人民的就是清廉與機會，國家該有的就是包容與創造力，國家保護的就是全體人民的自由。

美國夢能夠成真，真的不是光靠個人的努力、運氣跟風格就能完成的，一

個國家的體制，才是「夢」可以實現的基石，沒有好的國家政策、沒有各式各樣幫助人民成長的協會、產學合作計畫的推動等等，無數個美國夢是不可能實現的。

我們之所以出版這本書，是想藉由作者身兼移民、留學生、創業者、成功企業家等多重身分的故事，與讀者分享：當你身處一個陌生的新環境時，應該抱持的態度；當你面對一個新移入者，可以擁有的胸懷；當你還是個學生，該如何充實自己；當你成為創業者，如何成為一個成功的企業家；當你是個成功的企業家，如何提攜後進，回饋國家；當你是個政治家的時候，又該如何把國家制度設計到讓每個人都能靠個人的努力，達成夢想。希望在中國人的社會中，不論是在台灣，香港或大陸，都能創造出像美國一樣的環境，讓國人能在自己熟悉的環境裡，用作者提供給我們的「創業者」精神，開創出屬於我們自己的「台灣夢」、「香港夢」或「中國夢」。

抱怨不如行動

徐紹欽

「開國者明白自己正在創造的，是一個如今被許多人稱為多元文化的國家。」

——麥可・巴倫（譯註：Michael Barone，1944-，美國政治分析家）

三十多年前，我為了實現自己的夢想，從台灣來到美國。這本書講的是我的個人經歷。我和許多移民一樣，真心相信美國《獨立宣言》中承諾人民擁有「生命權、自由權及追求幸福之權利」的應許。所以，我們能在美國各地的社區中分享自己奮鬥成功的經歷。

當前，有許多美國人因經濟動盪與政治局勢緊張而愈感沮喪，我們更應該提出一個樂觀前瞻的論點。

美國前第一夫人暨民權運動者伊蓮諾・羅斯福（Eleanor Roosevelt）曾經說過：「未來是屬於那些相信自己夢想之美的人。」我原鄉的文化傳統裡也有句廣為人知的諺語：「抱怨不如行動。」

置身這塊神聖土地上的每一個人，在面對挑戰之際，應審視自身，找到讓自己在此生實現夢想的壯志。

這本書為讀者提供一個嶄新、正面的敘事觀點，所依據的是我個人以及在此安居樂業的其他移民的美國經驗，還有我們從中學到的課題。有些人或許擔憂如今已沒剩多少機會，可以讓他們努力追求這個國家所許諾的光明前景，我歡迎這些人與我共同體驗。

在這本書中，我提出幾個重要問題，並一一解答：

・美國夢是否不復存在？
・是否每一個人都有機會成功？

・我們如何為下一代的成功鋪路？
・我們該如何培植中小企業成長茁壯？
・維持我們身為一個創新之國的傳統，對我們將有何意義？
・是什麼形成美國的創業精神？
・多元能否讓我們繁榮發展？
・我們能從移民身上學到什麼？
・美國能否繼續強大？

要回答這些問題並不容易。我們處於一個複雜的時代。美國在一七七六年成為獨立國家，當時僅有兩百五十萬的人口，居住在東岸的十三個殖民地，而今，我們有超過三億的人口分布在五十個州，分治政府的傳統也導致亂象。雖然我們也許都認同美國的方針，但是對它的實踐方式仍有很大的爭議空間。開國元勳當初的用意現在我們看起來並不是都很清楚明白，該如何調解一七七六年之時想像不到的當今亂象，以創造前進的動力，也不是那麼顯而易見。

前言

這本書除了敘述我個人和其他移民的經歷，還充分說明移民不僅是美國這幅彩繪——通常也稱大熔爐——不可分割的一部分，也擁有不朽的傳承。美國在本質上一直是個由移民組成的國家；綜觀它的歷史，曾有無數旅人懷抱希望、歷經千辛萬苦來到此地。這是跨越種族、宗教和階級藩籬的冀望，也是我們共同的目標。我們該如何善用這個大好機會？

追尋美國夢，大步邁向未來。

四十年前，

我為了追求我的美國夢，從台灣來到美國。

那年，我二十五歲，

全身上下有的只是滿腔渴望成功的熱情，以及口袋裡區區五百美元。

我相信夢想，也抓住了機會。

我和太太美琪在這裡養兒育女，安居樂業。

如今，我們驕傲地看著自己的三個孩子和我一樣，

繼續編織著他們的年輕夢想，規劃著屬於他們自己的生命藍圖。

當年，我和美琪來到美國的心臟地帶密蘇里州（Missouri）時，生活相當艱難，但我們倆都不怕吃苦。曾經有段時間，美琪在必勝客（Pizza Hut）打工，以支持我們的夢想。每到深夜，她快交班時，我載著孩子們開車過去，把車子停在停車場，坐在車內等她下班。偶爾，我們可

以透過窗子，望見身穿制服的她端著披薩到顧客桌前。孩子們至今還清晰記得當年坐在車裡，看著母親工作的情景。有時她抬眼看見我們，便會輕輕揮一揮手，然後又回去工作。

後來，講起這段往事，經常會有人問我：「讓老婆這麼辛苦工作，你不會覺得沒面子嗎？」我總是這麼回答：「不會啊，因為辛勤工作一點也不可恥，而且我們那時候都將這段努力的日子，看作是我們夫妻努力打拚，攜手共創未來必經的奮鬥歷程。」

儘管當時我們的日子經常過得捉襟見肘，但是從來不覺得自己這樣辛苦打拚是不公平的，因為我們都明白，這只是人生旅途當中的一個階段，雖然需要時間，但我們終究會成功的。那時的我們都抱著一個信念，那就是美國有許多絕佳機會，只要積極主動並且願意付出，就不會因為階級、種族、身分，或並非在此地土生土長而遭受阻撓。

機會之門是敞開的

從少年時，我的夢想就是靠自己的雙手來創建自己的事業，而美國正是讓它實現的地方。在很多國家，若想創業，你得要有錢或有人脈。但在這裡，機會之門是敞開的，**每個人的成功與否取決於自己是否有遠大的夢想，以及將夢想實現的毅力。**

過去幾十年，我創立了幾家公司、開發出一些產品，甚至曾進入政府部門工作，如今回顧過往，我仍然感到不可思議。我怎麼可能在這個陌生的國家，在能夠接觸高度保密資訊的行業中有所成就？世界上恐怕沒有很多國家能像美國這樣，把我這樣的一個移民當成自己人般接納，在其他的地方，我恐怕是一點機會也沒有吧。

然而我所選擇的這個國家，是一個想做什麼都行的地方。你想從事公職？或你想在私人企業工作？還是你想創業？儘管放手去做吧！機會都在那裡，只要你肯努力去爭取、去把握。雖然事情並非輕鬆容易，但當我想爭取機會並甘願為它付出心力時，機會就會在我眼前。

五大價值觀

但是到底何謂美國夢？這個國家擁有什麼，是我在其他國家無法找到的？我的答案很簡單，那就是**自由**、**創造力**、**清廉**、**機會**和**包容**。

自由：全世界有很多國家都將自由視為原則，但只有美國是建立在自由的核心價值上。早期的移民多數為了逃避宗教迫害及不滿因階級、財富、和家世背景所設下的限制，而來到美國。

這個國家許諾人們能夠相信自己的選擇，即便你的意見不受歡迎也能說出你的想法，住在你想住的地方，並自由遴選管理政府的公僕。

創造力：美國幾乎也可說是世上少數國家，能讓人們有機會從初來此地的一無所有，到若干時日後成為一名企業家，這樣的改變讓人備受鼓舞。在這個世界上，大部分地區，人們不在乎你怎麼賺錢，只在乎你是貧窮還是富有。但在美國，人人都可以因為是白手起家而贏得尊敬。若你有很棒的點子，大可立刻著手進行。如果你發明出更好的做法或想出解決問題的方案，便能在這裡有所成就。

已故蘋果創辦人賈伯斯（Steve Jobs）和他的夥伴綽號 iWoz 的沃茲尼克（Steve Woziak），以及發明臉書（Facebook）的祖克柏（Mark Zuckerberg），這些人當年都只是小人物或窮學生，手上沒有什麼錢，但他們有的是出色的點子以及讓點子實現的衝勁，選擇從美國出發，終能在世界成功。

清廉：在這裡，它被視為基本原則。如果你從未在美國住過或經商，也許無法深刻體會美國各行各業展現的高度清廉。

舉例來說，在某些國家，當你走進政府機關申請執照或請求協助時，首先要瞭解規矩，偷偷塞點現金給某人，這是慣例，為的是把關係打點好。甚至在有些地方，就連上醫院，也得給醫生紅包，以確保他會好好治療你的家人；倘若你沒錢，就只能自吞苦果。但在美國，人們遵循倫理，而這個身體力行的清廉，是基於法律以及做人起碼的行為準則而來，也是像我們這樣的外國移民，能在此地有所成就的原因。

機會：美國是個致力於解決難題的國家，人們有進取的精神，也懂得從錯誤中學習。如同所有人類一樣，美國國民當然也會犯錯，美國也曾有過衰退疲弱的時候，但人們會從中學習，重新振作，想出解決辦法。也因此美國人不僅挺過戰爭、恐怖攻擊，還有經濟蕭條與衰退，仍能恢復元氣，甚至變得更強大。

美國提供的機會不僅在於解決問題，也在於展望更美好的未來。我認為**這個世界上有兩種文化，一種是求生的文化**，以不惜代價想盡辦法滿足人類的基本需求為主，非洲許多地區便是困在一種求生的狀態中；**另一種則是尋求機會的文化**，人們總是向前看，思考如何改善親人及社會的生活品質，這正是美國的做法。

包容：全球知名民調公司蓋洛普，有份調查報告顯示①，全球有一億五千萬人想永遠離開自己的國家，移居美國。這個數字的人口，幾乎相當於全球人口的三十分之一。談到想要移民美國的理由，他們列舉了自由、機會和致富的可能；但是還有另一個重要因素，姑且不論美國移民政策所牽涉到的種種爭議，那就是美國依然是最能夠接納移民的國家。從蓋洛普的調查發現，有八十一%的民眾表示，他們居住的社區對外來移民相當友善，這是很難在其他國家見到的包容態度。

舉例來說，在大部分歐洲國家，社會氛圍對移民並不友善；要申請到工作證很困難，想取得公民身分更是幾乎不可能。但在美國社會，人們會盡力跟其他文化互相調適，接納它們並加以融合，成為自己的文化。在美國，你處處都看得到這種包容與信任的精神。若你在其他一些國家做生意，我敢保證你會發現大家雖然坐在同一個房間裡，卻彼此不信任。他們心中老想著如何暗地惡搞別人，好讓自己取得優勢。反過來說，大多數美國人都誠心渴望**跨越歧異**，**達成共識**，**一同合作**。這點深植於我們的內心。

自由、創造力、清廉、機會和包容，這五個價值觀，正是今日全球三十分之一人口渴望移民美國的理由。

移民是美國發展的新力量

我們都聽過上個世紀龐大的移民潮建設美國的諸多故事，而這一直是構成美國歷史的主調。從十九世紀開始，就有龐大的移民潮湧入美國，散布到全國各地，從中西部的農場和工業重鎮、西部最遠的拓荒城鎮，到東部的商業樞紐，並在他們所到之處落地生根。早年中國人在美國建築的鐵路，更為這個國家的往來交通和經濟成長開創了廣闊的遠景。移民成了美國發展的新力量。

當我們回顧過往並問：「美國最卓越的人是誰？」毫不意外的，你聽到的答案當中有很多是移民。像是被譽為二十世紀最傑出科學家的愛因斯坦（Albert Einstein），為了躲避納粹從德國移居美國；發明世上第一具可實際使用的電話，並創辦貝爾電話公司的發明家貝爾（Alexander Graham Bell），是來自蘇格蘭的移民；還有和貝爾一樣原籍蘇格蘭的工業家卡內基（Andrew Carnegie）、蘇俄籍的芭蕾舞星巴蘭欽（George Balanchine）、原籍奧地利的最高法院大法官弗蘭克福特（Felix Frankfurter）等，例子不勝枚舉。就連美國經濟政策的建構者暨開國元勳漢密爾頓（Alexander Hamilton）也是移民——他來自西印度群島。

很多人沒有全然體認到的是，現今的移民們正在重現這股遺緒。我當初創立航太與國防科技公司時，並未領悟到自己也是國家發展的活力配方一部分，但如今我懂了。從我們周遭看看這個國家一些最創新、最蓬勃的企業，都有具移民背景的創辦人。根據《富比士》雜誌的統計，美國頂尖企業中，有四十%是移民或他們的第二代所創立的——此一傾向可追溯至一八〇〇年代，而這種模式也延續到今天。誠如美國網件公司（NetGear）創辦人、生於中國的盧昭信所言，「倘若我當初留在香港，最後可能只是當個修收音機的技工，是美國的文化激勵我去展現雄心壯志。」

生於台灣的何大一是美國最傑出的醫學研究專家之一，他針對愛滋病發明了突破性的雞尾酒療法，為許多患者帶來一線生機。何大一的父母為了移民美國，做出很多犧牲。何大一年僅五歲時，他的父親便獨自來到美國，直到十二歲時才全家團聚。然而他的父母相信，無論自己做了多少犧牲，能讓子女擁有美好未來便是最好的補償。回顧過往，何大一仍然記得當年自己因為英文不好，遭到班上同學無情的嘲笑，但如今再看，現在的他有多大成就啊！

谷歌(Google)的創辦人之一謝爾蓋．布林（Sergey Brin）生於蘇聯；他的父母在一九七〇年代為逃離迫害而移民美國定居，並對這個國家滿懷信心。布林自小便聽過他父母和家人遭受苦難和歧視的往事，他的父親原本夢想成為天文學家，卻因為身為猶太人，而被蘇俄的研究所拒於門外。布林覺得自己很幸運能在美國長大，也衷心敦促自己要回饋社會。「很明顯，每個人都想成功，」他說。**「但我希望當人們想起我時，會認為我很有創意、很值得信任、為人正派，而且最終能夠為這個世界帶來重大改變。」**

心懷感激，拉別人一把

在其他移民身上，我也看到這種兼具創新和慷慨的精神。讓我耿耿於懷的問題是，我能為這個國家做些什麼？我如何協助我的社群並貢獻我在創業以及經商方面的知識？移民們不會把機會視為理所當然，我們心懷感激，同時也會伸手拉別人一把。

下面是一些事實：

- 中小企業管理局（Small Business Administration）的報告顯示，移民在美國創業的可能性比非移民者高出三十%。美國許多指標企業是由移民創辦，其中包括英特爾（Intel）、昇陽電腦（Sun Microsystems）、谷歌及eBay。事實上，《財星》雜誌選出的五百大企業中，有十八%當初是由至少一位移民所創辦的。根據新美國經濟夥伴關係組織（Partnership for a New American Economy）的說法，有七十五%的企業，其創辦人至少有一名是外國籍②。
- 移民在科技業中占有極重要的地位，而科技業正是繁榮與全球領導力的關鍵產業。目前正在攻讀科學和工程學位的研究生中，有六十%的學生是外國籍。在美國，更有超過三十五%的工程師和三十%的電腦科學家是移民。
- 移民強大的購買力為美國經濟注入活水。根據移民政策中心（Immigration Policy Center）的資料顯示，亞裔和拉丁裔人口——當中有很多是移民——共花費兩兆美元購買各類消費商品。

這些事實讓我們看到的，是活力、創新，以及那些企業成長促進我們社區經濟發展的景象。

為什麼人們願意離開自己的家鄉，來到這裡？不是因為他們憤世嫉俗，也不是因為他們懶散不愛工作，更不是因為他們想不勞而獲，坐領社會福利補助。**他們來到這裡，是為了讓自己的兒女在一個不會限制他們未來發展的國家中成長；他們來到這裡，是因為想為自己開創富有意義的人生；他們來到這裡，是因為他們相信夢想。**

透過夢想，看見未來

前些日子，我約了女兒徐怡。那天她正趕著去忙自己的工作，只能騰出幾分鐘時間跟我喝杯咖啡。「妳為什麼這麼拚？」我問她。

因為期望父女倆能多一點時間相處卻無法如願，我當時的語氣有點惱火。

她給了我一個「答案應該很明顯吧」的眼神，並回答我說：「因為我想和你一樣。」

聽到她回答的當下，我就像天底下所有的父親一樣，心情變好了，不但感到十分欣慰，同時也體認到一個更深層的事實，我的孩子相信美國夢，因為他們一直以來都在體驗，他們在美國出生長大，看到父母在這塊偉大的土地上找到了夢想、成就感和幸福，於是他們也能夠透過父母的雙眼，看見過去與未來。

因此，對於美國夢是否不復存在這個問題的答案，我可以依據我的親身經歷告訴你，它存在我身上，也存在我的兒女身上。它也存在於那些引領科技創新、醫學突破、環保設計或航太系統的人們身上——無論是在美國土生土長，還是移民。它存在於那些在政府機關或私人企業致力解決難題、創辦中小企業、規劃有效的社區服務方案的人們身上。它存在於那些發明足以轉變世界和改善生活的新產品的人們身上；也存在於那些發現潛力、並甘願勤奮工作以求取成就的人身上。

從我和我的子女，以及那些相信美國是以多元為基礎、也是世上最偉大國家的人身上，都看得到美國夢的實現，而且我們相信最美好的日子或許正在前方等著我們。

(1) 二〇一二年四月二十日蓋洛普公司發表以「全球有一億五千萬人想移居美國」為題的民意調查報告結果顯示，可能移民的人大多為中國人、奈及利亞人和印度人。

(2) 根據新美國經濟夥伴關係組織提供的資料：參見全國創投協會與美國政策全國基金會（National foundation for American Policy）的〈美國製造20——移民創業者如何繼續造就美國經濟〉（American Made 2.0—How Immigrant Entrepreneurs Continue to Contribute the U.S. Economy），撰文者史都華．安德森（Stuart Anderson）。全國創投協會網站 www.nvca.org。中小企業管理局諮詢處亦發表了一份報告，〈移民企業主對美國經濟貢獻之評估〉（Estimating the Contribution of Immigrant Business Owners to the U.S. Economy），羅勃．法利博士撰文；其所採用的資料來自人口調查局（Census Bureau）、當前人口調查（Current Population Survey）、企業主特點調查（Characteristics of Business Owners Survey），並據此推斷移民企業主對全美企業營收做出相當大的貢獻，在總計五千七百七十億美元中就占了六百七十億。在有最多移民人口的州，如紐約州、紐澤西州、加州、德州和佛羅里達州，這類成功尤其令人矚目。

Chapter 2

心存希望，夢想最美。

我自幼生長在一個中產階級家庭，家中有四個孩子，我是三男一女當中的老么。父親手上雖然有一家茶行，但是在經營上遇到難關，財務大受影響，當時的政府相關單位並沒有提供支援中小企業的機制，讓他撐得很辛苦。由於事業發展不是很順利，父親一直鬱鬱寡歡。

父親的困境使得母親變得非常堅強，她成了這個家的重心，不僅讓一切運作順暢，也引導我們，給我們安全感。凡是必須去做的事，母親總是一肩擔起，當家中需要增加更多收入時，她買了縫紉機學洋裁，做起裁縫生意，我到現在都還記得當年鄰家小孩到我家，讓母親量身訂做學校制服的情景。夜裡，她將布料鋪在客廳的大桌上，又剪又縫，拚了命工作，我總是在她踩踏縫紉機的聲響中昏然入睡。等她做完，她便會端一盆熱水泡泡腫脹的雙腳。

家中的經濟情況一直到我大哥考取公費留美後才有了顯著的改善，我感謝大哥大姊對家裡的付出，他們一直是我人生的榜樣。

正視自己而不後悔

小時候的我，很討厭上學，討厭別人告訴我該做什麼。我總想反抗權威，質疑每一條規矩：

「我為什麼得照做？」升上初中之後，更是變本加厲，那時候的我，年少倔強莽撞，盲目不知所從。

我曾經因為嚼口香糖被踢出學校。那回，當導師生氣地命令我把口香糖吐掉時，我用力一吐，竟把口香糖吐到老師臉上，那一刻真是再糟糕不過了。校方打電話請我母親到學校去，並揚言要將我勒令退學。母親去到學校時，只見我一臉叛逆地站在那裡，校長怒氣沖天。

「把他帶走，」校長要求我母親，「他太壞了，我們不要他留在這所學校。」

母親平靜地拉起我的手，帶我走出學校。一路上，她並沒有大聲斥責，也沒有出言恫嚇，但她的沉默反而令我緊張。我心想，慘了，這回我真的麻煩大了。正當我內心七上八下地揣測，一路不安地走著，她終於開口了。

「此處不養爺，自有養爺處。」母親說。「我們另找一家比較好的學校吧。」

直到今天，我依然認為是母親造就了今日的我。她真心相信我，沒有懲罰我，只有以智慧來幫助我看清未來的道路。母親從不強迫我做什麼，或把她的期望強加在我身上。通常在一個生活並不寬裕的家庭裡，父母會以近乎威權和命令的態度要求子女。但是我母親的做法很獨特，雖然我的兄姊都是好學生，但是她從不拿哥哥姐姐們的表現來跟我做比較。

她的建議很有啟發性：「**只要對得起良心，做什麼都行。**」還有一句話也很重要：「做你自己就好。」就是這些話，深深地影響我，讓我下定決心未來一定要在這世界上走出屬於自己的路。

母親堅持著對我的信心與支持，看著冥頑不靈的我度過了初中與高中那六年。我想我的問題有一部分是出在早年台灣窒悶僵化的教育制度上，它扼殺了學生的創造力和獨立思考的能力，無法成為成功的推進力。我天生的好奇心，被這種強調考試成績的填鴨式教育限制住了。在這種嚴苛的制度裡，參加大學聯考的年輕人當中，有四分之三以上的人會落榜；那十分之一運氣好考進大學的學生中，也不見得都能修習自己感興趣的科目。在依據成績分發的原則下，我大學四年唸的是戲劇，戲劇非我想選的，更不是我特別擅長的學科。我依然夢想著經營工廠，只是夢想似乎離我越來越遙遠了。

讓人心生嚮往的地方

在四十年前的台灣，如果家裡沒有錢或人脈，一般人實在很難單槍匹馬，單打獨鬥，因此在台灣土生土長的我，早在決定把前往美國當成努力方向之前，就已經看到或聽到一些親戚朋友們，陸續移民到美國深造、工作和生活去了。當世界變得越來越開闊時，我體認到，他們的經驗已經為我鋪好移民這條路。

任何人離鄉背井，飄洋過海到異地謀生，特別是語言不通又沒錢，都是相當冒險的一件事。不過對於我們這些在一九七〇年代後移民的人來說，就算發展不順利，飛航交通的便捷，加上故鄉有個安穩的家庭做後盾，都為我們提供一張龐大的安全網，能無後顧之憂地往前衝。在那個年代，不論是對在世界哪個角落的人來說，美國都是一個讓人心生嚮往的地方，因為這是個充滿機會的國度，能讓你有所歸屬、獲得機會、成為公民、安家立業的新世界。

雷根總統有一回跟別人談起選民寫給他的信，這封信的內容讓他產生共鳴。雷根總統說：「這位選民在信上寫道，你可以搬去法國住，但你無法變成法國人；你可以搬去德國或義大利住，但你無法變成德國人或義大利人。他還列舉了土耳其、希臘、日本和其他國家，皆是如此。可是他說，無論什麼樣的人、來自世界上哪個角落，都能搬來美國定居，變成美國人。」

多元性的優勢

確實如此，美國從開國之初，就被打造成一個移民國家。它的國土遼闊，吸引著人們的勞力與心靈前來進駐。事實上，早期的先民並不把自己當成移民，而是旅人、朝聖者和開拓者，他們來到這裡，為的是開創新天地。當然也有不少人是為了逃避宗教迫害和專制政體，遠離家鄉來到美國的，他們在這裡找到了安全感，找到了實現自己夢想的機會。一八八六年，當刻著「燦爛新契機」的自由女神像豎立之時，移民為追求機會與平等而湧入美國的行動，早已經持續了數百年。美國主張平等的特質，與舊世界的貴族專政形成強烈對比。

曾任法國駐美領事的法國作家暨農學家米歇爾．德．克雷夫科爾（Michel Guillaume Jean de Crévecoeur）在一七八二年出版的《美國農夫書簡》（Letters from an American Farmer）中，留下如此動人的描述：

此地沒有貴族世家，沒有宮廷，沒有國王，沒有主教，沒有教會的控制，沒有賦予少數人顯赫權力的無形力量，沒有雇用數千人的大廠主，沒有窮極華奢，貧富差距不像歐洲那麼大。除了少數幾個城鎮外，從新斯科細亞①到西佛羅里達，人們皆從事耕地工作。我們是耕耘者，散布在廣袤的土地上，藉由通暢的道路和可通航的河流往來，而寬大的政府以溫和治理的紐帶將我們連結在一起。所有的人都尊重法律，但不畏懼其權力，因為法律是公正的。我們都充滿蓬勃的實幹精神，而這種精神不受桎梏、無拘無束，因為每個人都是為自己工作。

十八世紀之前，來到美國的移民，主要是英國人，因此新舊傳統間存在著一種自在的熟悉感。隨著一七七六年美利堅合眾國的誕生，開啟了向外擴展的時代，人們開始積極朝西部拓展，移民的面貌也更多元，其中包括德國人、愛爾蘭人、義大利人和其他「外國人」。

開國元勳之中不乏有識者，將這種多元性視為一種優勢②。美國第四任總統，也是美國建國者之一詹姆斯・麥迪遜（James Madison）相信，這種多元性是達成憲法所承諾的自由之關鍵。「這份自由，」他說，「是從遍及美國的信仰多元性產生的。正因為存在各種不同的教派，所以不可能出現一個過半數的教派壓制和迫害其他教派的情況。」美國《獨立宣言》主要起草人，也是美國第三任總統湯瑪斯・傑佛遜（Thomas Jefferson）對這樣的說法也表示贊同，他公開表明支持移民的立場，並陳述「美國當前的希望是透過儘可能引進大批外國人，快速增加人口。」對於大批移民的加入有利這個新興國家，大家的看法近乎一致。

新來者的威脅

混亂，當然也隨著不同文化的湧入而來，有部分原因在經濟方面。歷經一個世代已站穩腳步的移民，理所當然覺得新來者可能對他們造成威脅。此外，還有種族方面的矛盾。人們對何謂「真正的」美國人一直存有疑問，對所謂英語系白種移民有一種偏見，以為他們的外表、行為和信仰代表多數。而從美國原住民所遭受的待遇和蓄奴，也可看出早期美國顯露出種族歧視的傾向，甚至有些開國元勳本身就是奴隸主，最有名的例子便是傑佛遜。這個新興國家如何對待不是來自西方國家的移民？我尤其對我華裔先人的經歷感到好奇。

一八四九年加州的淘金熱吸引了第一批中國移民。接下來的數十年，他們的人數達到三十萬以上。這些人大多數因抱持著勤奮工作的堅定觀念而獲得成功。一名來自廣東香山的許姓移民在那個時期寫了篇詩文，文中提到喜悅與機會，鼓勵華人移民來美。

話及遠赴花旗國，吾即歡喜笑顏開……

莫忘當日登岸時。力求精進勿懈怠。

華人興建了美國第一條州際鐵路，這是眾所皆知的。最初是因為從歐洲來的工人短缺，華人才有了這樣的工作機會，但他們很快便證明自己是極為勤奮的工人。鐵路承包商查爾斯．克羅可（Charles Crocker）曾說：「無論給他們什麼活，他們都能做好，而且做到讓我們滿意為止，好到我們發現只要某段工程得趕工，最好就是馬上派中國人去做。」

外來性與排華運動

從很多方面來看，華人可以表現得很好，但也因而遭受懷疑。他們求發達致富的雄心以及其文化和種族的「外來性」，引來反彈。漸漸的，華人被視為異己。他們的忠誠度之所以受到質疑，部分是由於一般人不瞭解他們的行事和風俗，部分則是因為他們會將大部分收入寄回中國老家。於是，排華運動匯聚成一股勢力，而是否要拒絕中國移民移入的問題，也開始在美國國會引發激烈爭論。

當時最強烈排華的官員，是緬因州參議員詹姆斯．布蘭（James G. Blain），他反華人的激情演說，打動了全國民眾的心，讓這個議題不再只是地區性的小規模騷動。「我內心的疑問是：占有太平洋沿岸的要不是英語系白種人，就是黃種人，」他在參議院大聲疾呼。「我們今天有這個機會做出抉擇……我們的立法是應該為美國的自由勞工著想，還是讓華人奴工有利可圖？我們不能讓吃牛肉佐麵包過活、愛喝啤酒的人，跟吃米飯維生的人並肩工作。不能這麼做。」布蘭是第一位呼籲開除華人勞工的民意代表，隨著他偏激的言論，排華運動在逐漸成形中。

在參議院發表演說的一星期後，布蘭在寄給《紐約論壇報》的一封投書中訴諸謾罵，稱華人移民「邪惡……惹人厭惡……令人作嘔」。他將華人比喻為惡疾：「如果一個國家有權將傳染病擋在門外，有權拒絕罪犯近身，那麼我們當然也有權拒絕那些沾滿汙穢的移民入境，在我們的土地上散播道德之惡與身體疾病，以及窮困和死亡的種子。」布蘭排華的言論產生了效應，在國會議員之中贏得支持。他引發恐慌的伎倆起了作用，使得大眾似乎不再認為「人人生而平等」這個準則也應適用於華人，華人彷彿生來就比一般人低等。

一八八二年，美國國會通過第一個禁止某一特定移民入境的法案，也就是排華法案（**The Chinese Exclusion Act**），明訂暫停所有華人勞工入境，時限長達十年，並禁止已入境的華人移民歸化為美國公民。此一法案於一八九二年修訂時，時限再度延長十年，到一九〇二年乾脆取消時限。為說明這股排華熱潮，李漪蓮（**Erica Lee**）在她的著作《在美國的大門：一八八二至一九四三年排華時期的華人移民狀況》（**At America's Gates: Chinese Immigration during the Exclusion Era 1882-1943**）中寫道：「將『外來入侵』拒於美國大門外，對於在十九和二十世紀之交清楚定義美國人的國家認同與歸屬感，具有格外關鍵的作用。美國人藉由排拒與限制外來者，學習定義『美國性』（**Americanness**）。美國透過接受與排斥外國人，確立其主權並強化它的國家認同。」

排華法案直到一九四三年才廢除。基於中國在第二次世界大戰期間為美國盟邦，華盛頓州參議員華倫・麥諾森（Warren G. Magnuson）提出立法廢除該法案，國會通過了這項提案並簽署生效，也准許已定居在美國的中國籍人士歸化為公民。

但是，對亞裔的排擠並未就此結束。二次大戰期間，日裔美國人成為唯一因種族因素而遭集體監禁的族群，儘管當時有不少人認為質疑他們的忠誠度是合情合理的，值得注意的是，德裔美國人並沒有遭受同樣的猜疑而被集體監禁，顯而易見，偏見乃特別針對亞裔族群。

二〇一四年，在華裔國會議員趙美心的努力下，美國聯邦政府正式對排華法案表示歉意。

站在移民美國潮的浪頭上

台灣直到二次世界大戰後，才真正開始出現大批移民美國的情況。打從一開始，台灣移民便與過去的華人移民迥異，他們的教育程度較高，也不常選擇從事勞力工作，他們來到美國是為了追求比過去所見更進一步的富裕發達與獨立自主。

吳兆麟（Franklin Ng）在他的著作《台裔美國人》（The Taiwanese Americans）中，稱這群人是「轉變美國人文景觀的助力」③。這些新移民為美國帶來了教育、勇於創業的態度與投資。他們是第一批真正具創業精神的移民，時至今日依然如此。這群人站在亞洲人一波波匯入美國的潮頭浪尖上。就連最偏激的本土主義者，也因此很少鼓吹限制亞裔移民，而且眾所公認，亞洲人是美國最有成就的移民。

根據二〇一二年皮龍民調研究中心（Pew Research Center）的報告，亞裔美國人（計有一千八百二十萬人）是全美收入最高、教育程度最佳、成長最快的族群④。他們比一般民眾更滿意自己的生活、經濟狀況和國家的發展走向，也比其他美國人更重視婚姻與親子關係、勤奮工作與事業成功的價值：

亞洲移民潮的出現，是在外移人口最多的那些國家生活水準已大幅提高之際。雖然如此，只有少數亞洲移民後悔自己當年的決定。僅十二%的人表示，若一切能夠重來，他們會留在自己的祖國。與此數據差距懸殊的是，絕大部分的亞裔美國人表示，就美國所提供的致富機會、政治與宗教自由、適合養兒育女的環境等方面來看，移民美國比待在自己的祖國好。而此問卷所檢測的七項衡量標準中，受訪者認為僅有家族關係緊密度一項，自己祖國的狀況優於美國。

根據皮龍民調研究中心的調查，現今亞洲人已超越拉丁美洲人，成為新近移民美國人數最多的族群，使得亞裔人口達到破紀錄的一千八百二十萬，進而讓亞洲人成為美國境內成長最快的移民社群。

愛的路上我和她

二十二歲大學畢業後，我入伍服役，在預官訓練中心受訓六個月後，當上了步兵水陸兩用戰車排少尉排長，之後被派到金門離島，負責帶領四十輛戰車及成員。這是我首次有機會當上領導者。兩年後退伍的我，不但變得更成熟，也更堅定想要在這世界開拓出屬於自己的一條路。

相較於那時對前途的憂心，我的感情路顯得比較順遂。

大學時代，有一次同學們一塊去郊遊野餐，我幸運地認識了同學的妹妹美琪，她不僅人長得漂亮，也很有內涵，我們倆雖然情投意合，但是在交往的過程裡，常常讓我深恐自己配不上她。美琪出身名門，以我當時的條件能承諾她的實在不多，這樣的女孩子真的會願意與我共度一生嗎？

美琪家裡有位長輩很富有，當時在日本經商，每隔一、兩年才會回來台北一次，每次他都會安排時間到她們家裡坐坐，美琪叮囑我這位長輩拜訪那天一定要到。

那天晚上，我們約在美琪家碰面，當時下著大雨，我的交通工具是一輛機車，因此抵達她家時身上已經淋得有點濕了。美琪緊跟在我身旁，把我介紹給所有的人，那時我雖然心中緊張，還是保持得體的態度、十分恭謹，沒有把真正的心情顯露出來。

美琪的伯父想請全家人上一家很高級的館子晚餐，外頭下著雨，所以大家都得搭車去。

美琪的母親開口問我：「紹欽，你怎麼去？」

「我有摩托車。」我嘴上回答著，心裡一面想著不知等我抵達餐館時，會被雨淋得有多狼狽。

接著，她轉向美琪。「那妳跟我們一塊兒坐車吧！下雨呢！」

「不要，」美琪回答。「我跟紹欽一塊去。」

她跟著我出門走到機車旁，我將雨衣讓給她穿，載著她離開。一路上，美琪的雙手環抱著我的腰。我的臉全打濕了，我分不清那是雨還是淚，她的相挺讓我感動莫名，更下定了決心，非要娶她為妻不可。

我常在想，「誰走進你的生命」，是由命運決定，然而「誰停留在你的生命中」，卻是由你自己決定的。

九十度鞠躬

當我接到密蘇里州一所工業管理研究所的入學許可時，美琪和我都明白：前往美國發展的夢想要開始了，於是我們約定，我先到美國開始我的學業，隔一年再回來和她結婚，一起赴美團聚。

身為研究生的我，第一次踏上美國國土，來到了這個國家的心臟地帶，在中密蘇里州大學攻讀工業管理與系統工程碩士學位。這所大學位於沃倫斯堡（Warrensburg），在堪薩斯市（Kansas City）東南約五十英里處。我在那地方一個人也不認識，也沒有多餘的一分錢可隨意花用。我心知日子會很不好過，但我決心要獲得良好的教育，並成為我將來扎根立足這個國家的基礎。只是我並不清楚等在前方的會是什麼？

我對美國的想法很樂觀，也聽人家說過什麼美國夢，可是我對它並沒有具體的概念。我真的能成功嗎？我要付出什麼代價才能生存下來？我能不能交到朋友，並且成為這個地方的一份子？這些疑問在我腦海中縈繞不去。尤其是我只會講一點點英文，但我並沒有因此而退縮，甚至早早就做好了面對困境的心理準備。

我很高興自己終於置身在一個能夠讓我研讀工程的地方。此時此刻，渴望掌管工廠的兒時夢想又回來了，似乎不再是那麼遙遠。

我很幸運有一位優秀的指導教授；他同時也是工學院院長，每年只指導兩到三名研究生。

我猜想他之所以挑上我，可能是因為我到校第一天進到他的辦公室時，那個九十度的鞠躬，這點肯定讓我顯得跟一般美國孩子不同，因此獲得他的青睞。

我也發現周遭的人都很樂意幫助我，這可是個新體驗。有時回想起一路走來對我伸出援手的人——從良師益友到陌生人——都令我感動莫名。那是我第一次學到，也持續領略到關於美國人的一課：他們是世上最大方、最熱心，也是最有包容力的一群人。

幫忙擦餐桌

那段用功讀書的日子裡，總是為缺錢發愁。某個週日下午，我逛到學校附近一家夫妻共同經營的小漢堡店。我肚子很餓，掏出口袋裡的銅板數了數，看能買點甚麼。結果我口袋裡的錢最多只能買一個漢堡，於是我走到櫃臺點了餐，站在櫃臺後的那名男子和氣地對我微笑，要我稍待片刻，等他太太把餐點做好。我找了個座位坐下來，享受著廚房傳來的陣陣誘人香味。沒多久，那名男子走過來對我說：「你點的餐好了。」他端上來一個大餐盤，上面不僅有我點的漢堡，還有一堆薯條和一大塊炸雞。

我嚇了一跳。

「我沒點這麼多，」我說。「我只點了漢堡。」

他咧嘴一笑說：「沒問題，我請你吃。」這個出乎意料之外卻令人感動的善意，令我感到非常驚訝，也有點激動。

就因為這個善意之舉，讓我認識了大衛與瑪麗．米勒（David and Mary Miller）夫婦。

從那以後，大衛和瑪麗不但接納我、照應我，讓我從孤單飄零的一個人變成了有家可歸，我更覺得自己就像他們的家人一般，是他們三個子女的大哥哥。後來我問這對夫妻，是什麼原因讓他們願意和一名移民青年交朋友，他們夫妻倆很肯定地告訴我，當初並沒有想那麼多，只是喜歡我，樂於陪在我身邊。瑪麗還打趣說，看到我用完餐會幫忙擦餐桌，她覺得很驚奇。

「沒有一個美國學生會這麼做！」她說。

求知若渴，隨時隨地學習

運氣好，真的能建立改變你一生的人際關係。

我十分幸運，因為我渴望完全投入這個新國家，盡可能去學習一切，而米勒夫婦樂意提供協助。大衛決意教導我關於新國家的一切事物，並幫助我調適。他不希望我只知讀書、不去接觸外頭的世界。我在圖書館埋頭苦讀時，他時常會突然現身並宣布：「闔上你的書，我們出去逛逛。」然後，我們會坐上他的車，兜兜風、看看風景。

有幾回，他帶我去堪薩斯市觀光，優美的西班牙式建築和壯觀的噴泉，讓我讚嘆不已。有一次他還載我去位於一、兩小時車程外，一座剛被龍捲風侵襲過的小鎮。在此之前，我從沒見識過如此充滿破壞力的天災，這讓我瞭解到龍捲風的可怕。

我求知若渴，總是會隨身帶著一本小筆記本，把我學到的新字都記下來。有一天，我們開車到鄉間。我說：「哇，看看那些牛（cows）。」大衛卻說：「噢，不對，保羅，我們不叫牠們牛，而叫安格斯⑤。」我毫不猶豫地立刻將「安格斯」這個單字記進我的筆記本。

大衛也協助我在這個國家立足。我需要一輛車，但我在美國沒有任何信用紀錄，無法申請汽車貸款。大衛深知第一筆貸款有多難申請到，於是他親自帶我去找當地的克萊斯勒（Chrysler）經銷商，有了大衛的擔保，對方同意讓我貸款，這件事對我來說是一個重要的里程碑。

建立改變一生的人際關係

大衛可說是個萬事通。除了餐廳，他還經營一家家具行，也替某家廣播電台賣廣告時段。有一天，他問我是否願意跟他去拜訪一家汽車經銷商，他想賣電台廣告時段給對方，我很感激他願意帶我去，也意會到他想要把我引介給當地傳統生意人圈子的心意。我們走進那名經銷商的辦公室，大衛告訴對方我是個學生，那名經銷商打完招呼後，便不再多注意我。我待在那裡，一邊看著大衛談生意，一邊心想，原來業務是這樣跑的。事前大衛告訴過我，他不認識那個人。他們倆素不相識，但大衛對待他卻像老朋友一般。

一開始他先從魚兒有多難上鉤聊起，那人也跟著點頭同意，大衛便告訴他另一座湖的魚釣起來比較順手，接著又問起他兒子的棒球隊。一直等到聊得差不多了，兩人才談起正事。不一會兒，我們便帶著談成的廣告生意走出來。

我們離開後，我問大衛怎會知道要跟對方聊釣魚和棒球。他大笑回答我：「這簡單，全靠觀察。他的牆上掛著幾張釣魚照，還有一張他兒子穿著棒球隊制服的照片。」大衛解釋，**做生意全靠人和人之間的感覺。「只要確保人家喜歡你以及你能討人喜歡。」**

大衛是第一個這麼建議我的人，後來也證明它是我這一生當中所得到最寶貴的忠告。

打工買鑽戒求婚

第一年的暑期我沒選課，而是跟四個朋友開車去了舊金山。在舊金山跟另外八個人合住一間小公寓，在漁人碼頭的一家餐館找到打雜的工作。雖然小費為我帶來相當不錯的收入，但是為了存錢，我還是得從餐廳裡，偷偷拿些桌巾回公寓當被子蓋。到了暑假快結束時，我終於賺到足夠買一只小小鑽戒的錢。接著我便飛回台灣跟美琪結婚，帶著她一起回美國。

能共同展開新生活，兩人都很興奮，對我們倆來說，這是一段奇妙的歷險。畢竟人年輕時，什麼都不怕。

我們飛到舊金山，再開車跨州越界前往密蘇里。一路上，我們看到壯觀廣闊的景致，品嘗了各式各樣的食物，花了不少時間去加油站加油，還爆過兩次胎，但很幸運的，我們遇到的人都十分友善。

快到丹佛時，我打電話給大衛。

「保羅，我們正開始擔心呢！」他大叫。「你在哪裡？」

我告訴他，我們決定一路開車回去，好讓美琪看看這個偉大的國家。

「我們大約明天半夜到，」我說。「我想問問你，在我們申請到學生宿舍前，能不能先借住你們家？」

「當然可以，」他爽快地答應。「我們會等門。」

我們是一家人

於是在我們申請已婚學生宿舍這段時間，先借住在大衛和瑪麗家的地下室一個星期。後來，學校安排給我們的是一輛小拖車，裡頭的面積約僅十二乘四十英尺，跟著我們搬進去的，還包括瑪麗為我們張羅的鍋碗瓢盆、毛巾毛毯及其他基本的日常生活用品。

大衛和瑪麗替美琪在他們的餐館安插了一份工作，她也開始學英語。米勒夫婦經常邀請我們一道用餐，初來乍到的美琪還在學著適應美國菜，但不是很合她的胃口。瑪麗會慫恿她：「只要嘗個三口就好」，就跟碰到自己的小孩不願嘗試新食物時所說的一樣。美琪只好勉強照辦。

有一天我們受邀去米勒家，美琪帶了一個塑膠盒。

「那是什麼？」我問。

美琪只回了我一個莫測高深的微笑。

當我們走進廚房，美琪便打開盒子，告訴大衛和瑪麗：「這是牛肚。」

他們對那道菜好像不太感興趣，但美琪咧嘴一笑說：「只要嘗個三口就好。」

他們倆莫可奈何，只得嘗試，不過我看得出他們是硬吞下去的。他們真的不喜歡牛肚。

有一天晚上，我待在圖書館唸書，外頭暴風雨將至。有人提起會有龍捲風來襲，我一聽，想到美琪一個人待在拖車裡，整個人驚慌地跳了起來，因為拖車向來最擋不住龍捲風的摧殘。我趕緊跑向大門，卻被其中一名警衛攔住。我告訴他：「我得趕回家。」

他試著說服我待在圖書館。「外面很危險。」

但我堅持：「我一定得回家，因為我太太在拖車裡。」

我奔向我那輛一九五九年份的雪佛蘭羚羊（Impala）老爺車，開車飆回我們的拖車。一路上天色一片闃暗，空氣凝重，顯示暴風雨正逼近。當我回到拖車停放處，卻發現裡頭空無一人，美琪不在車裡。原來大衛早已過來接走她，把她安置在安全的地方了。

我很感謝他們的照應。大衛總是對我說，只要是家人都會這麼做。接下來的數十年，我們一直是親近的朋友，那怕我們搬到了佛羅里達州後，大衛和瑪麗也會來拜訪我們，我們也會去密蘇里探望他們。他們永遠如我們的家人一樣。

我是美國人

現在，每聽到移民議題的爭論，我發現對許多只聽過煽動言論卻沒有親身經歷的美國人來說，「移民」這個詞是遙遠而且負面的。

老實說，定居美國四十多年後，我不會看著自己，心想「我是華裔美國人」。我想的是「我是美國人」。我的兒女也不覺得自己是華裔美國人；他們就是美國人。但其中的含意不僅僅如此。我聽過有人抱怨移民「固守自己的方式」，不願融入美國文化，這可跟我的經驗不同。我們一家人住在佛羅里達西北部，認識的亞洲人不多，而且我們渴望融入美國，但也不代表我們拋棄源自中國的根。在我們家，美琪一直守護著中國文化傳統，確保我們的孩子認識並重視他們先祖傳承下來的事物。我們都明白，擁抱自己的過去，並不會減損我們的美國性。

一百多年前，來到美國的移民們渴望完全同化，他們明白自己是來此定居，絕無可能在美國和故鄉之間來回往返。不過我認為，正因為文化融合，讓現今的美國變得更豐富。

美琪和我在紐約皇后區的法拉盛（Flushing）有間合作公寓，那一帶相當熱鬧，街上滿是華人，還有許多餐館供應道地的中國菜，可稱之為中國城。我喜歡帶老外朋友和同事上那些館子用餐，他們也總會愛上那裡的菜餚和氣氛。如果朋友有機會到我們家，美琪會準備一大桌菜

──好幾碗香噴噴、熱騰騰的牛肉湯，好幾個盤子裡堆有滿滿的香酥鴨、青蔬炒雞肉、叉燒包，還有一碗碗飯。她從她的母親傅培梅那裡學得一手好廚藝。我的岳母傅培梅女士是台灣家喻戶曉的烹飪老師，她主持的電視烹飪節目《傅培梅時間》極受歡迎，有很多人將她跟美國名廚茱莉亞．柴爾德（Julia Child）⑥相提並論。岳母著有五十多本烹飪書，美琪常跟她待在廚房鑽研廚藝。所以凡有幸品嘗到美琪一手好菜的人，無不念念不忘。

在我的故鄉台灣，一般傳統觀念對成就的重視大過於種族，因此欣然接納美國對我來說並不難。我受到與我共事的人所展現的創造力和專注力所吸引，我珍視人與人相處時甘願付出的溫暖善意，沒過多久我便覺得美國就像家一樣。經常有人問我對當前移民問題的爭議有何看法？我是否支持全方位的移民改革方案？我是否贊同夢想法案⑦？我是否認為應該加強邊界管制？這些議題都很複雜，但我深信移民是成就美國強盛的基石。

著名的專欄作家湯瑪斯．佛里曼（Thomas Friedman）⑧，與我所見略同。他曾在一篇標題為〈美國真正的夢幻團隊〉（America's Real Dream Team）的專欄中寫道，「我是贊同移民移入的狂熱支持者。我認為持續讓合法移民移入我們的國家──無論他們是藍領勞工，還是技術專業人士──是讓我們保持領先地位的關鍵。因為當你將這些活力充沛、積極有抱負的人，跟民主制度與自由市場相結合，就會產生神奇的魔力。若我們希望保有這個神奇魔力，就需要一個妥善的移民改革方案，以確保我們能夠以循序漸進的方式，不斷吸引世界各地最有雄心、最具才智和特長的選秀會第一輪精英，並將他們留下來。」我真喜歡那個形象：移民的狂熱支持者。

機會提供 vs. 恐懼

我們常提到美國例外論（American exceptionalism）的概念；它的意思是美國跟其他國家有本質上的差異——不只是政體，還包括人民的特質。

以下是我針對移民問題的爭議所抱持的信念：

- 我相信我們應該鼓勵其他國家最傑出、最聰穎的人才來此定居，為打造美國的繁榮與特色貢獻一己之力。就如佛里曼文中所言，這些人是「選秀會」裡能力最強的精英。
- 我相信我們應該持續協助移民的家庭成員更順利適應，因為家庭價值和家庭的安穩是一個國家強盛的基礎。
- 我相信夢想法案有利於美國講求平等與機會的基本方針。實際上，那些孩子都是美國人，這裡是他們的家。

- **我相信加強邊界控管並管制移入美國的人數是至關緊要的**。不過我們同時也應讓那些有抱負、有企圖心的人能成為我們這個多元的偉大國家的一份子。

在《我們曾經輝煌》（That Used to Be Us: How America Fell Behind the World It Invented and How We Can Come Back）一書中，作者湯瑪斯．佛里曼與麥可．曼德鮑（Michael Mandelbaum）指出，美國異於其他國家的獨特性不是與生俱來的，它並非不勞而獲，而是我們必須以行動去獲取我們的卓越超群。這就代表我們應敞開心胸去因應眼前這個變動複雜的新世局，也代表著我們應制訂一套基於機會提供，而非基於恐懼的移民政策。這就代表**我們應善用來自世界各地的人才，讓我們變得更強盛，更具競爭力**。

有不少政治人物將移民視為「坐享其成者」（takers），而非「生產貢獻者」（makers）。就我的經驗而論，這並非實情，許多專家也有同感。根據經濟學家們的報告，移民對經濟具有正面效益。加州大學洛杉磯分校的教授拉烏爾．伊諾霍薩－奧赫達（Raúl Hinojosa-Ojeda）所做的一項研究顯示，若將全美境內未登記的非法移民就地合法，並改革我們的移民法規，十年間國內生產毛額累計將增加一點五兆美元，部分收益是來自夢想法案。聖母大學的經濟學家璜．卡洛斯．古茲曼（Juan Carlos Guzmán）與拉烏爾．查拉（Raúl Jara）發現，夢想法案的經濟利益，到二〇三〇年可能高達三千兩百九十億美元。**讓非法移民獲得合法身分，他們便得以接受更好的教育和訓練、找到薪水更高的工作。這是雙贏。**

今日，我們的大學院校裡充滿來自世界各國地有才華的學生。這些人從我們優良的教育制度中獲益，得以朝他們的夢想和展望前進。倘若這些人才在完成學業後全數離開美國，會是多麼可惜啊。因此我們應該歡迎他們留在這裡，建設美國。

(1) 新斯科細亞（Nova Scotia），位於加拿大東南的濱海省分。

(2) 由競爭企業研究所（Competitive Enterprise Institute）政策分析家大衛．畢爾（David Bier）撰寫的〈開國元勳支持移民入境〉（Founding Fathers Supported Immigration）寫道，「透過確保有『統一的歸化規定』，憲法將美國預設為一個移民國家。在原本的概念中，憲法保障著一個移民與公民共處的社會。在為公民保留選舉與擔任公職之權利的同時，憲法也保障『所有人』、而非只有公民，皆享有『生命權、自由權和財產權』……開國者一再強調移民本身的福祉。英裔美國思想家、作家、政治活動家，及美國開國元勳之一的湯瑪斯．潘恩（Thomas Paine）在其著作《常識》（Common Sense）中主張『這個新世界』是『受迫害的公民自由與宗教自由愛好者的避難所』，而傑佛遜論證『當初因機運而非自我選擇其國籍的所有人民，皆應享有天賦人權』。麥迪遜則辯證移民之舉的基本理由『往往是為從生活較艱苦的地方移居至較為不艱苦的另一地』，因此『移民是透過改變來提升幸福』。」

(3) 吳兆麟在《台裔美國人》中提及的傑出台裔美國人包括美國聯合勸募會前執行長趙小蘭，她曾擔任過好幾個廣受矚目的企業與政府職位，如和平工作團團長。另外還有因高溫超導的突破性研究而廣受讚譽的物理學家朱經武、本書第一章提到的醫學研究者何大一、研究碳原子反應動力學的化學家李遠哲，以及曾任加州大學柏克萊分校校長的田長霖。

(4) 二〇一二年皮龍民調研究中心之皮龍社會與人口趨勢研究（Pew research Social and Demographic Trends）的「認識新移民：亞裔超越拉美裔」（Meet the New Immigrants: Asians Overtake Hispanics）報告中詳述，「一個世紀前，亞裔美國人大多是靠勞力吃飯的低薪粗工，蝸居於亞洲人聚集的區域，還是一般人歧視的對象。如今他們比美國絕大多數的其他族裔群體更常居住在族群混合的區域，結婚對象也跨越種族界線。近年有三十七%的亞裔美籍新娘嫁給非亞裔新郎，而剛從醫學院畢業的普莉希拉．陳（Priscilla Chen）上個月也加入此一行列；她嫁給臉書創辦人祖克柏。……達到經濟富裕與社會融合之重大目標的一群人，依然大多為移民。有將近四分之三（七十四%）的亞裔成年美國人為外國出生。」報告接著提到，「亞洲人是全美收入和教育程度最高的族群。二十五歲以上的亞洲人當中有四十九%擁有大學學位，相對於同齡美國人中僅有二十八%。亞洲家庭的中位數年收入為六萬六千美元，相對於一般大眾的四萬六千八百美元。」

(5) 安格斯（Angus），牛的品種，短耳、牛皮呈黑色。

(6) 茱莉亞．柴爾德 (Julia Child, 1912-2004)，美國名廚、作家和烹飪節目主持人，她的故事曾改編成電影《美味關係》（Julia and Julia），由梅莉．史翠普主演。

(7) 夢想法案（DREAM act）是為保障未成年非法居留者權益的一項法案。

(8) 湯瑪斯．佛里曼（Thomas Friedman, 1953-，美國專欄作家），著作包括《世界是平的：一部二十一世紀簡史》（The World Is Flat: A Brief History of the Twenty-first Century）等。

Chapter 3

每一個人都有成功的機會。

媽媽回憶說，在我五歲的時候，有一次她問我：「你長大後想做什麼？」當時我很認真地告訴她：「我想當廠長。」她聽了大笑，覺得很可愛，畢竟那時候我只有五歲。

拿到碩士學位後，我在旁氏公司（Chesebrough-Ponds）工作了兩年，擔任工業工程師，負責的業務包括工作流程、成本控制及勞資關係。身為一名年輕工程師，我被派去處理勞資關係，有如被扔進獅子籠般，是個嚴峻的考驗，但我也因此學到不少跟人打交道的方式，懂得了傾聽、協調、處理紛爭，這是很寶貴的一段經驗。

那時候，美琪和我已經有了一雙年幼的兒女——徐強和徐怡（兩年後我們的第三個孩子徐潔才出生）。孩子還小，母親決定搬來與我們同住，幫忙照顧小孩。美琪和我母親對我做任何事情都很支持，因此當我告訴她們哈里斯公司提供我一份工作時，她們都很興奮。我猜，不管我決定做什麼，她們都會非常開心，更何況我們全都不喜歡密蘇里州寒冷的冬天，所以搬去佛羅里達州這個主意特別受歡迎。

「我們可以吃到橘子啦！」我母親歡呼說。

於是，我們一家大小便啟程前往陽光地帶①。

哈里斯（Harris）公司是全美第三大國防工業承包商，僅次於洛克希德（Lockheed）與波音（Boeing）。公司位於佛羅里達北部，濱臨墨西哥灣的華頓堡灘（Fort Walton Beach），周遭是波光粼粼的碧海與綿延數英里的細白沙灘。一提到佛羅里達州，大多數人只想到邁阿密、西棕櫚灘或奧蘭多，不見得知道華頓堡灘。華頓堡灘幅員廣闊，美國境內最大的軍事基地之一艾格林空軍基地（Eglin Air Force Base）就在這裡，占地超過七百平方英里，整個地區看起來正在蓬勃發展中。

我們被這裡的美景、溫暖的氣候、舒適的郊區所吸引，在一條蜿蜒而安靜街道上，找到一棟小屋。從家裡只要走一小段路，穿越家後方的公園就能抵達小學，它看起來像是個適合小孩居住成長的理想家園。

在哈里斯公司，我負責的是製程工程、政府支援系統以及武器測試系統的品管。接下來幾年都過得很順利。

好消息與壞消息

一九八九年，那年柏林圍牆倒塌了，冷戰時代的結束，使得國防預算的優先順序發生了變化，支援的產業也開始受到影響。

有一天，我的上司約翰·布林克利（John Brinkley）挑了十個工程師，集合後對我們說：「我有好消息和壞消息同時要向各位報告。壞消息是哈里斯公司打算關閉佛羅里達的分公司；好消息是你們在紐約的塞奧西特（Syosset）都會有新的工作。」

那時候，我們一家人在佛羅里達過得很愜意，並不怎麼想搬到紐約。於是我開始仔細思考，是否能從自家車庫修修補補的零碎活兒出發，創立一家屬於自己的公司？面對這麼重大的問題，美琪倒是一點也不擔憂未來會如何發展，毫不猶疑地鼓勵我放手去做。

於是我去找約翰，告訴他：「謝謝你給我在紐約工作的機會，不過我決定自行創業。」約翰面無表情地瞪著我好一會兒，接著便轉身走出辦公室。

由於過去我們一直相處得不錯，他的反應讓我感到難過。我並不想讓他失望，但我也沒有因此而改變心意。

一整天過去了，第二天約翰走進我的辦公室，坐下來為他之前的反應道歉。

「我會想念你的，保羅。」他說。「如果這是你想做的事，你就應該去做。」

接著，他進一步向我解釋，當初之所以聽到我想創業時，會有那麼激烈反應的原因。

「很多年前，幾個朋友邀我一起加入一家新創的公司，我沒去，那家公司就是德州儀器

（Texas Instruments）。當初我沒有抓住機會，現在你儘管去做吧。不過哪天如果你想回來，只要打通電話跟我說一聲就好。」

我做不下去了

我必須說，我之所以自行創業，並非出於什麼遠大而又空洞的夢想，只是因為我想如果我是為自己的公司工作，就永遠不用再為被資遣而煩惱。**我並不擔心找不到工作，可是我想自立門戶，憑藉自己的特長和創造力去闖闖看。**

那時，我有一家子要養。剛開始的幾年真的非常辛苦，我設法以自己懂的製造技術來創業。我常跟美琪開玩笑說，如果我懂得怎麼做菜，那時大概就去開中國餐館了。

不知是幸還是不幸，我懂的是電子產品——特別是規劃電子元件的生命週期及解決大型系統的問題，生命週期的管控很重要也很複雜，它關係著確保一項產品從製造出來到壽命終結的穩定度，需要留意的細節之繁雜程度，足以讓人抓狂。你想想看，即便是一架飛機上最小的零件也有多達二十個小型元件，打個比方說吧，那就像一個超大家族的家族樹，這樣你大概可以想像它的範圍有多廣了。

決定創業之後，我日以繼夜地工作，但還是花了三年半的時間才做出點成績。那段時間是我人生的低點，我們只有少許積蓄，日子過得清苦，當時美琪還到必勝客找了份工作。

每隔一陣子，我會忍不住說：「噢，管他的，我做不下去了，我要去找一份真正的工作。」那時唯一促使我堅持下去，並給予我無限支持的就是美琪。

美琪總是在我需要鼓勵的關鍵時刻為我打氣，她會說：「我們再給自己多一點時間試試，再等等，看看會如何。」

聽了這些話，我就像打了一劑強心針般，繼續堅持下去。

快要滅頂之際的援手

突然有一天，約翰．布林克利打電話給我。

「保羅，你太太是不是在必勝客工作？」他問我。他的聲音聽起來很憂心。

「對。」我承認道，心裡覺得很不好意思。

「你叫她來找我。」他說。

原來約翰想給美琪一份工作。事情過後，我才知道經過。

哈里斯公司有一位副總經理名叫史丹·戴維斯（Stan Davis），是個好人，待我有如良師益友。

話說，史丹情緒激動地衝進約翰的辦公室。「我剛剛在必勝客吃午飯，居然看到美琪·徐在那裡端盤子。」他說。「你得雇用她，那些孩子需要健康保險。」

約翰於是去找我的老同事凱斯·畢格斯（Keith Biggs），跟凱斯說：「幫美琪安插個工作。無論如何都要想辦法做到。」

凱斯當時正在裁員，並沒有增補人員的打算，但是他一聽到約翰的話，二話不說，當下便雇用了美琪。

當時我的感覺就像是在我們快要滅頂時，有人伸手拉了我們一把。

美琪在哈里斯公司是輪第二班，從下午兩點開始工作。公司訓練她焊電路板，她的技術很好，連我有時也會請她幫忙。因為這件事，我再次感受到人際關係的重要。

從那時候開始，我和凱斯走得更近了。凱斯在哈里斯公司幫忙處理縮編事務，卻對我在自家小車庫裡創業這件事很感興趣。有一天，他打電話給我。

「保羅，」他說。「我們有一堆庫存設備，我想有些你大概用得著。」

「我沒錢，」我明講。

他沒理會。「你有需要就拿去用。」他提議。

每當我遭逢重大難關、需要援助時，都是這些朋友和同事幫了我。我的信心逐漸建立起來，彷彿看見通往成功的道路。固然，跟像波音這些製造產品的大公司相比，我的工廠規模是小，但製程可以更快，造價成本也更便宜；我的行動迅速，就像小船之於鐵達尼號。這些都是我的優勢，我有辦法在緊急時刻進行調度。我明白做這些事需要辛苦累積，但我相信自己一定可以辦到，只要更拚命工作，並且有本事看出機會在哪裡就行了。我渾然不知自己將會面對更多真正的挑戰。**有時，無知是一種幸福，因為你不會被恐懼影響。**

飛機上掉下來的機會

正當我努力讓公司保持營運時，有人建議我去參加商展。於是，我花了兩百美元租了一個小攤位，美琪和我一起負責看著攤位。參展期間，我無意中聽到麥道公司②兩名工程師之間的對話。

這兩個人正在討論用於新型海軍戰鬥機A－12上的繼電器模組出現的棘手問題。依照設計，他們要將所有繼電器全裝在一小塊電路板上，實際上這是行不通的，因為只要有一顆子彈打中那塊電路板，整架飛機可就報銷了。

聽起來，這個瑕疵令他們感到相當苦惱。我鼓起勇氣走過去，向總工程師自我介紹，我和他握過手，遞上我的名片，簡單跟他介紹我的業務。當時我並沒有提起我無意間聽見他們討論繼電器電路板的問題，不過一回到家，我立刻寫了封信告訴他我有解決的辦法。其實，辦法很簡單，我建議與其將所有繼電器裝在同一塊電路板上，不如做成二十五個繼電器模組組件，分裝在不同位置。這樣一來，就算其中一塊電路板被擊中，也不會導致墜機。

他回信給我，說他欣賞我的點子，問我能否製作一個原型。我回覆他說：「當然沒問題！」我們開始在電話上討論細節。他問我：「你能告訴我做五個不同組件的報價嗎？」

我很快算了一下。「每一個大約兩千美元，所以總計一萬美元。」

他大笑。「你沒搞清楚狀況，」他說。「我們可是麥道公司，不做少於五萬美元的合約生意。」

我完全不曉得像我這麼小的公司，該如何跟大客戶談合約，只好回答他：「好吧，那我就幫你多做幾個。」

就這樣，我開始跟麥道公司做生意。

失去之後反而得到更多

這個案子我們持續做了一年左右，直到有一天我接到專案經理的電話。那時，麥道公司的營運狀況不太好。專案經理告訴我，要中止A－12戰機的建造。

「你什麼時候可以停止生產？」他問。

我沒讓他聽出我的憂慮，反而跟他說，我們可以在那個週末就停產，一停產後就不再跟他們收費了。

其實，我大可延後停產，設法從中多收點費用。但是，我早已學會做任何事都要把眼光放遠一點，我感覺得出來這件事對他們公司而言有多急迫；**我想當他的盟友，而不是一個難搞的小包商。**

他一得知我可以那麼快停產後，大大鬆了口氣，倒是我的腦袋得忙著思考該如何挽救生意。

麥道是一家大公司，除了A－12之外，還製造很多型的飛機。於是我告訴專案經理，或許我們可以把這些已經生產的繼電器組件用在其他裝備上。

當時，他還沒想到這麼多，經我這麼一提，馬上引起他的興趣。五年後，麥道生產或改造的所有戰機像F－15、F－16、F－18、T－45、B－1、B－2、B－52、AV－8等，都裝有我們公司的繼電器模組組件。

想不到吧，失去一樁生意反而讓我得到更多的機會。

他們喜歡我

慢慢地，我的公司設法站穩了腳步。

但是，我仍然欠缺籌組公司的資金。我認真研究了美國國防部的需求書，不管他們是想買飛機、船艦，或是維修飛機和船艦，需求內容必須絕對透明，因為付錢的是廣大的納稅人。以建造飛機或船艦來說，我的公司規模太小，若是製造電纜或支援系統，卻綽綽有餘。那時候的我所關切的已不只是公司能否存活下來的問題，我要擴展我的公司，想創造出與眾不同的態勢。我發現國防部想找人設計和製造水底聲納探測儀，這正是我可以做的，所以我找上佛羅里達帕拿馬市（Panama City）的海軍沿海系統中心（Naval Coastal System Center），拿到了他們的需求書。

我需要一個團隊，但當時我的資金還不足以雇用符合我需求的高階設計師，於是我再度求助於我的人脈。我打電話找凱斯及其他幾位還在哈里斯公司工作的熟人，問他們是否願意一個星期花幾個晚上到我家，和我一塊兒坐在廚房餐桌前討論我想做的案子。我答應他們美琪會親手下廚，做幾道聲名遠播的中國菜款待他們。

他們的反應之熱情，出乎我的意料之外。儘管講明了我無法付他們酬勞，他們還是來了。當消息傳出去之後，甚至有其他人也想要來。我想原因有兩個：一是他們喜歡我。我很幸運地擁有討人喜歡的特質，**我關心別人，能跟他們建立關係，這點讓我一生受益無窮**。另一個原因是他們都是工程師，樂於想辦法解決問題，動腦筋做設計。

我打的如意盤算是這樣的，他們來幫我，不但有精緻美味的餐點招待，一等我拿到合約，就會付錢給他們。於是每週兩次，會有三到四位頂尖工程師坐在我家的餐廳裡畫設計圖，這對他們來說也是一種樂趣。

大功告成之後，我於是拿著大家集思廣益做出來的精細縝密的設計圖，參加了海軍的招商大會。

我被選中了？

凡是想要製造水底聲納探測儀的廠商都出席了這場大會，當場展示他們的產品。輪到我時，我在畫架上擺好設計圖。「如果我拿到合約，就會按照這個設計去製造，」我說。在解說計畫的同時，我察覺到他們的身子往前傾，顯得十分感興趣。畢竟我和我的團隊把一切問題都考量到了。

等我解說完畢，主事者清了清他的嗓子問：「那麼，你剛剛說你在哪家公司高就？」在此之前，他們從沒聽過我的名號。

「我為製造科技公司（Manufacturing Technology）工作，」我回答。「公司設在華頓堡灘。」

「你們有多少人？」

「我們有幾位高明的工程師，」我含糊地一語帶過，並沒有說出公司的實情。不論如何，如果沒有高明的工程師，哪有可能做出這麼棒的設計呢？

我看得出對方很感興趣。他們問我能否把設計圖留下來，我同意了，不過要求他們簽訂保密條款。要求對方簽訂保密條款可是需要點膽量的，但我不希望有人盜用我的設計，拿去做出更便宜的類似產品。最後，他們簽了保密同意書，我感覺會談順利，心情愉快地離開。

過了十天左右，我接到專案經理的電話。

「我們很中意你的設計，」他說。「價格也很公道。我只是想確認你真的可以用二十八萬美元做出這項產品。」我回答說可以。

「這麼說，我被選中了？」我問。

這位經理告訴我，他們審視過其他幾家廠商，最後選定我。

聽到答案，我既開心又自豪，但是我沒時間慶祝。拿到合約固然是一次勝利，然而我心裡很清楚，我真正的挑戰從那一刻起才真正開始。

到底是誰家的狗死了？

當我的軍方客戶並沒有預支款項給我，而我需要資金來履行合約。我原以為拿到合約就足以取得貸款，但是我錯了。（在我上任聯邦公職的第一個月，我就把政府對中小企業預支資金額度提高為八十五％。）

「你不能拿合約當抵押，」銀行專員告訴我。「它只是一張紙，並不擔保你能準時出貨。」

我開始四處奔走，拜訪銀行，設法取得貸款。從華頓堡灘到彭薩科拉（Pensacola）的每一家銀行我都去過了，所有的銀行都給了我相同的答案——不行。現實開始打擊我，我拿到一份足以改變我一生的政府合約，卻沒有財力去履行。

有一天早上，在又一次被銀行回絕後，我坐在咖啡館裡，一籌莫展，心情沮喪無比。儘管我的生性樂觀，那一刻卻看不到任何希望。我想不出別的辦法了。

我坐在那兒發呆的時候，當地一家銀行的主管史基普·雷納特（Skip Reinert）碰巧路過，看見我。史基普和我的關係還算友好，他打量了一下垂頭喪氣的我，開口便問：「誰家的狗死啦？」

我向他傾訴我的遭遇，他沒有表示同情，反而訝異地搖著頭。

「你聽過政府的中小企業貸款方案嗎？」他問。

「什麼？沒人跟我說過啊！」

史基普回到辦公室後，立刻安排中小企業貸款方案的負責人與我聯繫，這位負責人告訴我中小企業擔保貸款（SBA Guaranty Loan）③，是由政府和中小企業管理局為八十五%的銀行貸款提供擔保，將風險從百分之百降到十五％。最重要的是，史基普任職的第一國民銀行（First National Bank）願意貸款給我。透過中小企業擔保貸款方案，我還得知另一項名為 8 (a) 企業發展計畫（8 (a) Business Development Program）的政府方案，用以協助處於社會與經濟弱勢的創業者進入美國經濟主流。後來，這項計畫對我的幫助很大。

拿到第一紙大合約的時候，我還未真正擁有一家工廠來執行這麼令人興奮的案子，只有一間小辦公室，位在瓦爾帕萊索市（Valparaiso）一座破落購物中心的中國餐館旁。除此之外，就剩人脈了。

以前在哈里斯公司任職時，我給過很多當地廠商合約。**過去這些年來所建立起來的人脈關係，正是我的一項利器**。我開始打電話，聯繫不同的廠商、不同的人，向他們借用後院的空地或是設備跟堆高機。最後，我們終於在別人提供的寬闊場地上，成功地做出產品。這個案子讓我的事業真正開始啟動，從此我正式成為美國政府的承包商，前景無可限量。

誠信、客戶至上、創新、付出和視野

我很幸運。但我也很清楚要獲得成功，靠的不只是運氣，也不只是勤奮工作，你還得要有頭腦和視野。

我也相信自己的成功關鍵是想像力。誠如小時候父親常告誡我的：「聞起來不對的東西就別吃。」我嗅得出機會所在，看得出別人看不到的可能性。我總是有一股強大的衝勁，而且全心全力投入我的事業，但邁向成功的過程並非如此單純。

一個人做事要有基本原則，無論你從事哪一行，它們都會是建構事業的要件。我的四個基本原則是誠信、客戶至上、創新和付出。

首要是「誠信」，也就是中國人所說的「行得正」，它能確保你在一個行業裡做得長長久久。**其次，「以客戶為中心」**能確保你看到客戶的需求，永遠預想到下一步，隨著他們的改變而做調整。

我對撰寫營運計畫書興趣缺缺，因為等你寫好，內容早已過時了；**「創新」是持續不斷的工作。**

而**「付出」所指的不只是在工作方面努力不懈，還要付出真正的關心**。我相信一個出色的經營者必須為人善良、心胸寬大，大到你有足夠的認知，明白與你共患難的人，也應與你共享收穫。

除此之外，我認為經營者還需要寬宏的視野。從某個角度來看，你的夢想就是你的視野，它就是你的驅動力。我常對哈佛的學生說，在商場上大家全是生意人，但只有少數的生意人是企業家。兩者的區別就在於視野的寬廣或狹隘和夢想的大小。

籌錢發薪是當老闆的考驗

從你開始創業那一刻開始，就不再是一天工作八小時，一週工作五天，而是一天工作二十四小時、一週工作七天、全年無休。你無時無刻不想著自己的事業，即便是在睡夢中。

我的公司逐漸擴展，到了這個階段，我已經擁有五十名員工，這也意味著每兩個星期就得籌錢發薪水。二〇一二年，共和黨總統候選人密特．羅姆尼（Mitt Romney）在競選時曾經提到，因為他有籌錢發薪的經驗，所以相當瞭解如何建設經濟。我想，每個當過老闆的人都懂得他這話的意思。籌錢發薪是一種嚴酷的考驗，它會讓你更強韌，而且你必須跟銀行建立穩固的關係。

我這輩子永遠都不會忘記讓我心焦如焚的那次經驗。那天是星期四，眼看著星期五就要發薪了，但我手頭缺錢。我想到我有一個信用貸款的額度，但是要轉帳還是需要主管的批准。於是打電話找我的銀行專員，問他能否將那筆錢轉到我的戶頭，好讓我能在星期五順利發薪水給員工，他說要等他查過後再回我電話。我等了一整個下午都沒接到他的回電，於是我又打電話找他，卻找不到人。

一直等到晚餐時間，我們原定全家外出用餐，但是我無法拋下電話離開。我等了又等，急得直冒汗。晚上，我打電話去他家，沒想到他不在家。我整夜躺在床上翻來覆去，連美琪都快被我煩死了。「快睡吧，」她催促我。可是我就是睡不著。

我一想到當員工發現薪水沒匯進自己的帳戶時，該如何向他們解釋呢？我想都不敢想。

第二天，我一早就起床，六點半就打電話給這位專員。我笨嘴拙舌地為一大早打電話給他而道歉，他卻大笑。

「噢，保羅，真不好意思，我忘了回電話給你。錢昨天已經轉進去了。」

一家公司的實力來自於員工

我實現了兒時的夢想，當上了廠長，經營一家工廠。事實上，它不僅僅是一家工廠而已，「製造科技公司」成為一家蓬勃發展的企業，我也有能力買下土地、建立自己的廠房。我邀請大衛和瑪麗前來佛羅里達，到場參加我的工廠破土典禮，不僅他們的眼眶泛著淚光，我們全都如此。

工廠開始啟動和運作後，每回我走進大門，就會感到熱血沸騰、血壓遽升——當然是好的那方面。我環顧四周，看著員工們忙著工作、機器忙著運轉，這一切都令我自豪。我感受到的不光是成就感而已，這地方是有生命的，是我的一部分。

我的成功不是我一個人的，要不是有那麼多真心希望看見我實踐夢想的人，還有熱情堅定的啦啦隊為我加油打氣，我可能不會一路堅持下來。還要一點是我一直強調的，一家公司的實力來自於員工。**你永遠可以花錢買或租設備及雇用人手，但是要找到對的人和培養人才，卻需要時間和心力**。我希望每一位跟我們公司往來的客戶，都能全心全意信賴我們能將事情辦妥，帶著愉快的心情離開。

就如我先前說過的，人際關係是這世上最重要的東西。我永遠忘不了多年前大衛帶著我跑業務的那天，我留意著他的神情舉止，還有他引起客戶共鳴的能力——他將客戶當成單一個體，讓對方感受到被尊重。

在業務上，依例我每年必定拜訪各個軍事基地至少一到兩次，我告訴他們這不是例行的拜訪，而是為了確認他們有否得到完善的服務。我不會去找高階將領或基地指揮官，而是去拜訪像公司裡中階經理人的科長們；這些科長們握有很大的權力，挑選承包商的事就是由他們負責。客戶對這樣的拜訪感到高興，因為他們才是實際操作執行的人。

幸福不是賺大錢就行了

凱斯最終完成了哈里斯的部門縮編任務，改當顧問。有一次，我們倆在從波士頓出發的班機上巧遇，見到他令我十分開心，得知我的公司經營順利，他也很為我高興。

「來幫我工作吧，」我提議。

我是認真的，我知道凱斯這個人很有才幹，而且我們的理念十分契合。如果能得到他這樣的人才，是我的運氣。

「你付不起的，」他大笑著回答。

這話倒也沒錯，不過幸福不是賺大錢就行了。凱斯的薪水雖然很高，但是他得經常出差，沒有多少時間陪伴家人。他太太希望他能在本地找份工作，因此凱斯很快接受了我的提議，令我既意外又感激。

凱斯是個高大的南方人，為人敦厚，和善熱心，又有幽默感，腦袋也很靈光。他協助我將公司進一步提升，包括創辦第二家公司——全零件資料庫公司（Total Parts Plus）。這家公司成立時，我們正好拿到一份政府合約，是為F－15戰機的元件規劃生命週期。在接下這個案子的同時創辦另一家公司，風險很大，但凱斯比別人先看到了機會。

看出機會所在是成功的關鍵之一。

相信自己、相信鄰人、相信國家

一九九一年五月七日在白宮的玫瑰花園（Rose Garden），我和其他四位中小企業主，站在老布希總統身旁。

「歡迎來到白宮——美國最基本的夫妻共管企業，」總統致詞歡迎我們。我們都是年度中小企業名人獎（Small Business Person of the Year）的得主，這是一份特殊的榮譽，經總統遴選後，在中小企業週頒發。「這是美國內部一股非凡的力量。」老布希總統說。「創造這個國家卓越成就，體現美國進取精神的一股力量。這股力量，就如我們今天所看到的，正是中小企業；它代表全國各地兩千萬名男性與女性。這兩千萬人自己掌控人生，做出個人選擇與決定；他們確立了自己的目標，並以堅定的毅力和遠見去追求；他們相信自己、相信他們的鄰人、相信他們的國家。今日我們齊聚在此，正是為了頌揚這兩千萬個美國夢。」

我媽媽和美琪也在場為我歡呼，我回以微笑，並向前從總統手中領取年度全國中小企業承包商精英獎（National Small Business Prime Contractor of the Year）。總統在致詞時告訴所有與會者，我具體展現出「一名來自台灣的移民追求自由與機會的勇氣」。

我很珍惜這個獎，也很感激能夠得到國家最高領導人的肯定。我向來相信——也有幸能在此生親自證明——置身美國最大的優勢就是有白手起家的機會。獲頒這個獎的時候，我才剛開始將自己的公司建立起來。

愛迪生說過：「我從不會在完成一項發明後，再去想它能為人提供什麼服務；我先發現人們需要什麼，才著手將它發明出來。」這個理念我一直銘記在心。

美國的文化是尋求機會的文化，永遠有新的商機等待有心人去開創。重點是當你自問：「一個人能否在美國成就事業？」答案是肯定的。**只要有需求、需求能夠被滿足，就會有機會。**

(1) Sun Belt，指美國南部地區。

(2) McDonnell Douglas，美國飛機製造商，曾生產一系列著名的民航機和軍機，一九九七年被波音公司併購。

(3) 中小企業擔保貸款是美國中小企業管理局的貸款方案。中小企業管理局是資訊和援助的寶庫，提供商務教育、貸款取得、政府合約獲取管道或商界人際網絡，它的網站還含括線上進修中心。這個單位特別重視移民的中小企業發展，並製作不少研究報告，論證移民對中小企業經濟的重要性。

中小企業，國家經濟的骨幹與希望。

來到美國數年後，我在一九八四年創辦了自己的第一家高科技公司。我的公司獲得第一紙合約後，需要營運的資金，也需要錢購買生產商品的零件和材料。幸運的是，我靠著中小企業管理局的擔保貸款之助，獲得我急需要的資金，也因此首次接觸到這個單位。後來，我的公司通過資格審核，獲准參加中小企業管理局的 8(a)企業發展計畫，讓我得到很大的協助。

從那時候起，我逐漸瞭解，中小企業是美國經濟的骨幹，這是個恆久不變的道理。

獨立自主與創造力

美國的中小企業，表現出獨立自主與創造力的特性，而這兩個特性正是源自於建立這個國家開拓精神的核心理想。對美國經濟來說，中小企業更是擔任推手的角色，充分展現特色：

- 中小企業能靈活應變。它們能快速因應經濟復甦與衰退。企業主可以自己做主，迅速執行計畫。
- 中小企業具有彈性。它們通常以滿足需求為出發點，即便在艱難時期，也能因著重其所在領域的需求而蓬勃成長。

• 中小企業具有社區觀念。它們經由與在地的利益相關者通力合作而蓬勃發展，同時也明瞭這樣的配合能讓所有人皆蒙其利。

每一年，美國中小企業管理局會主辦年度企業主的選拔，每一州都會推出各州最傑出的人士參選。這些人並非全美家喻戶曉的大人物，他們通常是平凡人，卻能在各自所在的地方創造不凡事蹟；他們擁有的精深智慧，不僅經得起時間考驗，而且同樣適用於現今的狀況。近年來，許多獲獎人也不吝惜提出精闢建議，分享給大家。

• 別畏懼。
• 做正確的事。
• 多跟傑出人士往來。
• 找到能引導你的人。
• 言行一致，說到做到。
• 成為在地社區的楷模。
• 身心靈都要做好準備。
• 要懂得協力合作。

• 要有遠大的夢想並相信自己。
• 設法回饋。

縱使目前美國經濟面對著艱鉅的挑戰，中小企業仍保持樂觀。二〇一三年二月，摩根大通集團（JP Morgan Chase）針對企業年營收達十萬至兩千萬美元的兩千六百位企業主和企業領導人做了一項調查，評估企業當前面臨的挑戰、未來的展望，以及可能影響其策略性決策制訂的議題。受訪者對於其企業成長的可能性大多抱持樂觀的看法；其中有超過半數的人表示，他們的企業未來一年的年營收起碼可望有適度的成長。他們如何實現這些願景，也就是這個時代的主題。

導師與門生計畫

身為中小企業主必須有領導力，一肩挑起決策成敗的責任，但也須懂得協力合作。有些人或機構樂意提供協助，你只需要知道該去哪裡找。以我自己為例，我的事業在我獲選參與國防部的「導師與門生計畫（Mentor-Protégé）」時，有了突破①。

當時，波音公司（繼麥道之後）選中我和另外兩家小公司，接受國防部「導師與門生計畫」的指導支援。這個計畫成立於一九九一年，目的是扶植財力與社會條件不足的中小企業。我是個移民，銀行戶頭裡也沒有多少錢，所以我符合資格。波音接納我，引領我深入瞭解國防合約簽訂的複雜世界，這個合作關係令我引以為傲——他們覺得在我身上付出的心力沒有白費，讓我深受鼓舞，這層關係大大加強了製造科技公司在設計、裝配與測試機載航空電子設備的能力。波音藉由與我們分享專業技術，培植我們成為他們更優良的事業夥伴。雙方在生意上形成少見而寶貴的良好互動，讓所有人都因而獲益。

我的公司跟波音公司的關係也的確開花結果，二〇〇一年，製造科技公司名列波音的全球十二家金級供應商之一，這是供應商所能獲得的最高等級榮譽。令我引以為傲的是，當時波音在全球共有兩萬八千家供應商，只有十二家獲選為金級供應商（其他為銀級和銅級）。隨著這個地位而來的是極其繁重的責任，你必須保持次次按時間表準時交貨，而且百分之百達到品質要求。這也意味著你得做到完美。想想看，製造科技公司每年要為波音供應兩千五百項重要飛航設備，這樣你便能瞭解，要做到十全十美確實是個大挑戰，但我們辦到了。波音提供了協助，就如我在職業生涯中其他時刻得到的一般，它的慷慨相助為我帶來重大改變。

在滿心感激國防部與波音公司之餘，**我知道我必須有所回饋**。

把善意傳出去

二〇〇二年，我決定「把善意傳出去」——由我的公司為其他中小企業提供指導，於是我也自行開辦「導師與門生計畫」。我成立一個意向調查委員會，並把消息放出去，我想找的是在這個領域中與我們的專長相容的微型公司。我並沒有自以為是波音公司，但我曉得我有能力協助他們善加利用承包的機會接受訓練，就像我也曾接受別人的訓練一樣。最後，我挑出三家不同的公司：一家是通用精密製造公司（General Precision Manufacturing），從事金屬加工和維修服務，經營者是一位非裔美國人；另一家是新紀元軟體公司（Epoch Software），從事軟體研發，經營者是一名亞裔美國女性；還有一家是馬斯科吉五金製造公司（Muskogee Metalworks），從事金屬品製造，經營者是一位美國原住民。其中，與馬斯科吉五金製造公司配合，是一個奇特的體驗。

我欣賞原住民部族源遠流長的歷史，曾希望能收一位美國原住民當門生，而在鄰近的阿拉巴馬州就有個馬斯科吉波奇溪（Muscogee Poarch Creek）部落。美國原住民或許可以說是這個國家唯一不是移民的族群，而馬斯科吉波奇溪部落在美國東南部的起源可追溯至一五〇〇年，他們擁有悠久的文化傳統，曾在這一帶的河流沿岸建造了不少令人驚嘆的祭殿和金字塔。對許多美國原住民保留區而言，貧窮的危機從未間斷。瑪斯科吉波奇溪部落就如許多原住民聚落，在奮力追求生活安穩之際，還得面對令人生畏的社經藩籬。不過，我認為波奇溪保留區運作得很好——這個部落很有組織，也十分積極改善族人的生活狀況。重要的是，他們全心全意追求事業成功，我認為他們會是「導師與門生計畫」的絕佳夥伴。

教學相長

我親自前往保留區向酋長致意，然後將他們的五人金屬工坊收為門生。我的努力目標是將保留區轉變成一個對部落青年充滿機會的地方。在簽約儀式上，工坊的總經理梅爾．麥基（Mal McGhee）如此說道：「我們希望能成為其他部落的領導者，更希望它成為一則成功的故事——讓所有人回頭想起時，會說這是個典範。我們期盼有一天能告訴年輕一輩的族人，如果他們想當工程師，不必離開保留區去外頭找工作。」

製造科技公司提供製造技術方面的專長，並協助他們跟陸軍模擬暨訓練司令部（Army Simulation and Training Command）簽下四千七百萬美元的合約，為軍方打造及維修坦克模擬機。第一年的年底，馬斯科吉五金製造公司的規模便大為擴張，需要更大的廠房，於是買下阿拉巴馬阿特摩爾市（Atmore）一處已關閉的工廠，占地八萬八千平方英尺。馬斯科吉五金製造公司成了這個部落數代以來所見最強勁的經濟推手，這是個令人很有成就感的任務。

從擔任導師的重責大任中，我學習到很多。我對通用精密製造公司的老闆羅勃·威廉斯（Robert Williams）的敬佩之心油然而生。羅勃是我最初的門生之一，從一九九五年創立公司以來，一直都是獨自一人打理大小事，辛苦撐過幾段艱困時期，幾年後才雇了幾個員工。成為門生的第一年內，羅勃便在培訓和策略發展計畫的激勵下，取得國防部的品質保證合格認可，也因此拿到一筆合約。到了二〇〇二年底，他雇用了更多員工，營收也可望達到近兩百萬美元。錦上添花的是，通用精密製造公司還拿到國防部素負盛名的南－佩里獎（Nunn-Perry Award），表彰這家公司做為門生的優異表現。

給她一個機會，遺孀接手

好景不常，羅勃突然過世了。羅勃在我們的社區有很多朋友和支持者，他的驟逝令所有的人深感悲傷。除了家屬感到震驚之外，更重要的他的夢想可能就此打上句點。

我前去慰問羅勃的遺孀瑪拉（Myra），瑪拉雖然哀痛逾恒，仍表現得很堅強。

「羅勃有一個願景；他想為社區的人提供就業機會，想打造一個家族企業留給他的孩子。」她對我說。「我真希望能讓他的願景不至於破滅。」

「公司不一定要結束，」我告訴她。「現在妳是老闆；打算怎麼做，由妳決定，如果妳想讓它繼續營運，我會幫妳。」

「由我來做？」她從沒想過自己有辦法接掌她丈夫的事業，但我知道她是個很能幹的女性，也認為她辦得到。

「我不能替妳做決定，」我說。「不過請答應我，妳會考慮看看。」

瑪拉的確好好考慮過了。她並非什麼都不懂，那時候她是海軍雇用的文職人員，對國防合約也有一些瞭解。以前，她還擔任過主管和經理人。話說回來，一家製造公司由女性主掌大權，是極為少見的。最後，她打電話給我。「我決定接手，」她說。「我有信心，我想放手一搏。」我高興極了，再次承諾我會協助她。

四個月後，瑪拉站上華府的頒獎台，代表她的丈夫和公司接受南－佩里獎。「我沒想到今天會站在這裡，」她激動地說。「我原以為自己會坐在觀眾席上看著我的丈夫羅勃受獎。我知道此時此刻他正注視著這一切；我內心可以感覺到他以我為傲。」

我的第三個門生——新紀元軟體系統公司，位在佛羅里達的微風灣（Gulf Breeze），經營者是一位亞裔美國女性，公司主要業務是提供高級專業技術，解決軟體系統與物流工程難題。我和公司負責人蕾妮・德拉克魯茲（Reneé de la Cruz）配合，引導她瞭解取得國防合約的各種相關知識。如今，新紀元不僅是美國軍方的總承包商，也是一家蓬勃發展的公司。

「導師與門生計畫」非常成功，令我深感自豪。二〇〇四年，製造科技公司獲國防部頒發傑出導師暨門生獎。我們不只是以波音的門生身分獲獎，同時也以導師身分而得獎，這是我人生中最榮耀的一刻。

兩個條件出售公司

到了二〇〇五年，製造科技公司已成長為一家大公司，不包含全零件資料庫公司在內，市值就超過六千萬美元。全零件資料庫是我們在二〇〇〇年成立的另一家公司，希望讓客戶可隨時追蹤其零件及存貨的保存期限。

當時，我們察覺到合約的得標者出現變化，在九一一恐怖攻擊事件後，有大量的資金投入國防工業，但負責合約發包的主管單位認為大公司較能有效控制成本，所以將絕大多數生意給了大公司，流向小公司的合約不像過去那麼多了。我還看出一點，航太工業正步入景氣循環，意思是每二十年左右，情勢便會像鐘擺般，從一片大好盪到得勒緊褲帶度日。事實明擺在眼前，出現了壞預兆。我明白我要不就跟別人合併成為更大的公司，不然就得開始買進其他公司。當時我擁有四百五十名員工，這樣的規模還不夠大。若要保持競爭力，我的公司必須再擴大一倍。

凱斯慫恿我考慮賣掉公司。「現在正是合適的時機。」他說。

我明白他說的對，然而這是個令人掙扎的決定。倘若你跟我一樣，從自家車庫開始創業，一路歷經千辛萬苦把公司建立起來，這時候要賣掉公司，幾乎如同要你捨棄自己的孩子般難以辦到。最後我還是同意了。

當有人出價七千五百萬美元購買製造科技公司，我決定接受。不過，我提出兩個條件：**一是買主必須留用所有的員工。我不願這樣丟下他們離開，任他們自生自滅，保住他們的工作權對我來說非常重要。二是公司必須留在原地，我的生意對當地的經濟有重要助益，我不願就此中斷**。這兩個條件買主都接受了。

決定賣掉製造科技公司是個苦樂參半的經驗。**我向來把公司當成自己的家庭般經營，**公司裡四百五十名員工每一個人的名字我都叫得出來，關照他們的福祉是我的責任。**他們當中有很**

多人在我剛起步時便願意賭我一把、給我一次機會跟隨我，這對我而言意義重大。知道所有的員工都得到妥善照應，甚至能夠保留他們的年資，讓我感到振奮。我心想，說不定在更傑出的主管領導下，他們會更有機會飛黃騰達。

儘管如此，正式交接那天，想起那麼多年來的艱辛奮鬥，在自家車庫埋頭苦幹無數個小時，我還是激動得難以自抑，熱淚盈眶。我覺得自己就像父母看著心愛的兒女長大離巢——感到既驕傲且滿懷盼望，但內心卻彷彿缺了一小塊。

全零件資料庫公司是獨立的個體，並不屬於此次交易的一部分，因此我依舊有業務要擴展，也還有許多機會待我去發掘。不過我須先接受徵召，為這個賜予我良多的國家貢獻一己之力。

轉任公職，接受新挑戰

二〇〇七年，就在我賣掉製造科技公司不久，接到一通來自華府的電話。小布希總統有意任命我為聯邦中小企業管理局副局長，主管政府合約與商業發展（SBA's Office of Government Contracting and Business Development）。對一個從美國所提供的機會中受益良多的移民來說，能有機會做出更大貢獻，是我的光榮。況且這個領域——協助中小企業取得政府合約——對我而言意義重大。我覺得我已經準備好接下這個職位，因為我對中小企業管理局的方案瞭若指掌。8(a)以及擔保貸款方案在我的事業發展和成長中扮演著不可或缺的角色，而且我很清楚它們協助創業者效率。

我決定接下這個為期一年的工作，同時請凱斯在我缺席的這段期間暫代我打理公司。這對我來說並不難，我完全信任凱斯，我們親如兄弟，經營方面的價值觀也相同，我知道我永遠可以信賴凱斯，他會把公司當成自己的一般妥善經營。

因此我絲毫不擔心公司的事，但是我的家庭則是另一回事。我心知不能硬要美琪陪我赴任，原因之一是這份工作的任期很短，我會忙著拚命工作，沒有多少閒暇時間，而美琪在華頓堡灘過得很充實愜意。最後我們決定，我單身赴任，她則定期去探望我。於是我在華盛頓特區租了僅有一房的小公寓，做為落腳的地方。

後來，我才發現自己那時太天真了。我沒認知到自己在情感上和日常生活上有多麼依賴美琪。美琪是讓我保持平衡的力量，而在華府，生活中最欠缺的便是平衡，人們即便沒在工作，也在聊工作或查看自己的黑莓機。這樣實在太過沉迷又不健康。現在回頭再看，如果能夠重來，我想我會想方設法讓我的生活過得正常——也許改租一間大一點的公寓，帶美琪一道去。

規矩就是規矩

從經商到進入龐大複雜的華府部會工作，不是輕鬆容易的轉變。我知道很多人對政府抱著輕蔑懷疑的態度，假使他們有機會目睹此地的每一個人工作有多麼拚命，全心全意為這個國家做事，說不定他們會有不一樣的看法。我們都竭盡所能改善勞動公民的生活。

我認為我們應該給公職人員多一點信任，特別是對總統任命的官員。由總統任命的這些人，來這裡並非為了賺錢，而是為了讓這個國家變得更好，尤其我所負責的是協助提高中小企業取得政府合約的比率。我到任時，整體情況不佳。有一半以上的主管單位達不到目標，做不到發包給中小企業的合約達二十三％，但是這個問題並沒有被認真看待。我決心扭轉這樣的情況。

我的會議一個接著一個，行程表排得滿滿的，從上午到晚上，總是開完一個會又緊接著去赴下一個會。每個人都要我聽聽他們的說法，我也樂意聆聽；然而連開數小時的會議之後，我開始覺得自己的腦袋快要炸開了。

通常我會在辦公室待到很晚，從我的窗口可以眺望國會山莊的圓頂。隨著時間越晚、天色越暗，我會望著窗外打了燈的圓頂，默念「我是在為人民做事，我所做的一切很重要。」然後更加拚命工作。

老實說，從經營自己的公司轉換到在華府龐大的官僚體系裡任職，並非一件容易的事。在我的公司內，我一肩承擔責任，只要我決定了一件事，當天就可以著手進行。但在中小企業管理局卻是相反的情況，我無法理解為何事情非要搞得那麼麻煩。比方說，我有四位祕書，全坐在我的辦公室外頭。別問我為什麼會需要四個祕書，因為我也搞不懂。在我看來，他們有半數時間似乎無事可做。

有一天我趕著去開會，便將一分報告交給其中一名祕書，對她說：「可否請妳盡快替我影印十份？我快遲到了。」

她看看錶。「現在是我的休息時間，再過兩分鐘我就可以幫你印。」

我只好自己拿著那分報告去影印。這件事真的讓我很惱火，但是有一點我得提一下：她不是不想幫我，只是規矩就是規矩，非得遵守不可。

雖然在華府有很多盡心盡力做事的人，問題是那些欠缺進取心的人就會一直死氣沉沉地待在原處，擺脫不掉。如果某個人表現實在太差，唯一的辦法就是升他的職，把他調離你的部門，但是這樣你就等於替別人製造了一個更糟的麻煩。

參加聽證會

任職中小企業管理局期間，我的工作充滿了挑戰，尤其是必須前往國會作證——兩次在眾議院，一次在參議院。

我記得很清楚第一次前往參議院，在中小企業與創業者委員會（Committee on Small Business and entrepreneurship）前作證的情景。聽證室擠滿了人，參議員們在前方氣勢威嚴的長椅上坐成一排。我在電視上看過聽證會的過程，但那一刻，我，徐紹欽，竟在那裡對著大多數美國人耳熟能詳的參議員們發言，其中有約翰・凱瑞（John Kerry，委員會主席）、湯姆・哈金（Tom Harkin）、卡爾・列文（Carl Levin）、奧琳比亞・史諾（Olympia Snowe）及另外幾位。我希望他們從我的移民背景及身為一名中小企業主的觀點，聽取我的見解。以下是我當時告訴他們的：

身為第一代移民的我，在一九八四年創辦自己的第一家高科技公司。我的公司獲得第一紙合約後，需要營運的資金，需要錢購買零件和材料。幸運的是，我靠中小企業管理局的擔保貸款之助，獲得我亟需的資金，也因此首次接觸到這個單位。後來，我的公司通過資格審核，獲准參加中小企業管理局的 8(a) 計畫。我的公司是獲此計畫挹注得以成長的企業範本。

中小企業管理局扶植我建立成功的事業。它提供一個管道，讓我得以獲得資金、訓練、發展經驗和穩固的競爭機會。簡言之，若沒有這個單位，我就無法達到今天的成就。因此，主席先生，能加入這個我真心信賴的單位，實屬榮幸。

我接著講述我相信將有助我們達成任務的種種新措施。參議員們提出很多問題，他們緊迫盯人地問，我們要如何將中小企業的政府標案提高到二十三%的預期目標，以及如何確保女性能獲得更多機會。那天雖然很難熬，但是我渾身充滿了鬥志。我有明確的答案，在那場聽證會上，平日那些不可行的官僚氣息，似乎一度因為我的自信而退去。

不過在關於女性的議題上，我的確跟眾議院諸公們有點針鋒相對。我絕對贊同我們應協助女性業主的企業，也同意現今的社會仍存在針對女性的無形限制。但是，如果將女性歸類在經濟與社會條件弱勢的那群人裡，就等於低估了她們的影響力，因為有六十%的中小企業主是女性，她們並非少數。

況且，跟女性業主的企業相關數據也有點矛盾。雖然業主為女性的企業在半數以上的工商行業類別中所占的比例偏少，但若是採用已發包的聯邦合約金額為衡量標準，幾乎沒有證據顯示業主為女性的中小企業數量偏少。儘管如此，我仍強烈請求委員會確保女性在合約競爭上享有更多機會——我們也的確因此成立了女性中小企業主取得聯邦合約協助方案（Women-Owned

Small Business Federal Contract Assistance Program），保障業主為女性的中小企業獲得至少五％的總承包合約，以及製造、建築、教育服務和醫護等各個工商類別的分包合約。

引進計分卡制

我在中小企業管理局有太多事要做，有太多報告、太多研究、太多文書作業需要處理，有時連我是在為哪樁事出力都很難看出來。但有件事我的確做了，而且至今仍令我自豪，那就是設立計分卡（Scorecard）方案②，用以監督所有主管單位。這個一年一度的評估工具，有助於督促行政系統。各聯邦政府主管單位都會針對中小企業和社經條件不足者——包括一般中小企業、業主為女性的中小企業、弱勢的小公司、業主為傷殘退伍軍人的中小企業，以及位於從未充分開發之商業區（Historically Underutilized Business Zones, HUBZone）的小公司——設定發包與分包的數量目標，而計分卡便是用以評量他們達成多少。雖然不是每個人都喜歡計分卡制度，因為它是相當嚴格的責任制，但我真心相信它是敦促他們負起責任、增加合約數量的唯一辦法，我還可以很自豪地說計分卡制度仍沿用至今。

在華府的經驗讓我覺得很值得，也讓我大力支持引介更多商界人士進入政府機關服務的想法。我們可以為這個國家提供我們對現實狀況的瞭解，幫助政府看清事實。就我個人而言，**為政府服務一年是榮幸，也是義務**。真心希望我在那段時間，有促成一些改變。

現在回想起來，在華府的這段日子裡才真正體會到在官場中，各個層面的複雜性不比商場遜色。我很幸運交到一個好朋友董繼玲，她任職聯邦商務部助理部長，她把自己在華府官場的寶貴經驗傾囊相授，毫不保留。多年來她對我和小女兒徐潔的照顧和支持，令我十分感謝。

創業非年輕人專屬

卓越服務中心（Center for Excellence in Service）每年都會就中小企業的狀況做年度報告，報告指出，目前中小企業的競爭力降到調查展開以來的最低點。不過報告也指出，只要全國上下共同面對挑戰，未來還是大有可為，這就得先從瞭解中小企業在美國經濟所扮演的關鍵角色著手。

全美約有兩千八百萬家中小企業，有超過兩千兩百萬人是不另外支薪、也沒有員工的自雇者。事實上，總共有一億兩千萬人——超過美國人口的五十%任職於中小企業。這些公司實際上創造了過去二十年間所有的經濟成長，更特別的是在大公司刪減四百萬個職位的同時，中小企業卻新增加了八百萬個就業機會。

更叫人驚訝的是，**創辦中小企業並非專屬年輕人做的事**。美國退休者協會（AARP）在二〇一三年的報告顯示③，四十七至七十歲的人當中，有四分之一計畫在接下來的五至十年內創業，並且將有十萬名所謂的「二度創業者」在二〇一四年加入中小企業的行列。這些年長、有經驗的工作者引進他們對經營與大環境的深刻瞭解，能使中小企業的氛圍更豐富多樣。

移民再次位處於這幅蓬勃景象最醒目的位置。根據上述研究所蒐集的最新數據顯示，美國的中小企業中有超過六分之一的企業主為移民，即便移民僅占總人口的十三%。隨著移民企業主而來的是就業機會與收入，估計美國目前有四百七十萬人受雇於移民經營的公司行號，其營收計有七千七百六十億美元。

財政政策研究所（Fiscal Policy Institute）發現，餐廳、不動產公司、雜貨店、診所這幾個行業類型，業主大多為移民。而移民企業主的誕生地主要分布於幾個國家，最多的是墨西哥，其次為印度、南韓、古巴、中國、越南、加拿大和伊朗。

別無選擇，得來不易

有一點頗耐人尋味，移民企業主的兩性人數差距較小一些；移民經營的企業當中，有二十九%為女性企業主，相對於美國出生的女性平均有二十八%為企業主。

我常將我住在波士頓的大姊視為體現中小企業韌性與創造力的典範。大姊比我早來美國，她歸化為公民並育有兩個小孩，兩個孩子上學後，她想自己闖蕩一番，便決定投入房地產業，一方面準備房地產經紀人考試，一方面打零工維持生計，例如在冰淇淋小販傍晚下工後將車子沖洗乾淨，每洗一輛車賺十美元。

我剛到美國便去探望她，當時大姊剛通過房地產經紀人考試，她把準備應試讀的書拿給我看；我發現書裡每一行英文的上方，都留有她以清秀的字跡寫下的中文翻譯。她告訴我，唯有這麼做，她才能理解每個字的意思。大姊想讓我深刻感受到這一切得來不易，但她做到了，因為她很努力。

大姊當上房地產經紀人後表現得很出色，在一九八〇年代不動產業景氣大好時，她成了開發商。她會買下一塊地，重新劃分，再找包商興建漂亮的住宅。大姊表現得很好，她的經歷從很多方面來說，都是典型的移民故事。她會說她之所以有所成就是因為她別無選擇。大姊非得成功不可——而她也的確成功了。

貸款、支援與訓練

若要我精確指出引領中小企業邁向成功的三個最關鍵要素，它們會是：

一、中小企業需要更多獲得政府合約的機會

根據布魯金斯研究院（Brookings Institute）與中小企業管理局共同贊助的一項計畫顯示，如果聯邦政府將發包給中小企業的比率，從二十三%三提高到三十%，將會為美國經濟額外帶來每年一千億美元的挹注。

中小企業管理局提供了完整的服務，包括極佳的政府合約簽訂線上教室，其設計目的是為幫助中小企業瞭解政府如何採購產品和服務。課程詳細解說總承包與分包合約簽訂的協助計畫，中小企業管理局認證方案，以及特殊方案協助女性、退伍軍人、偏鄉民眾，還有移民。

此外也有中小企業管理局的導師與門生計畫相關資訊。企業可透過這個計畫尋求以下協

助：技術和管理方面的支援、簽訂總承包合約的機會、淨值或貸款形式的金融協助。政府出力扶植中小企業的事實由此可見一斑。

二、中小企業需要資金取得的管道

先前我提到中小企業管理局的8(a)企業發展計畫曾在我亟需時給予協助，我猜想很多符合申請資格的中小企業並不曉得這個方案。8(a)企業發展計畫為社會條件與財力不足者所經營的企業，提供各式各樣的諸多支援。它能讓遭逢困難的新創企業進入美國經濟的主流。舉例來說，二〇一二年有將近五千家中小企業從聯邦政府補助與合約中獲得十億八千萬美元以上，讓他們得以進行必要的研發並將高科技產品引進市場。

回想我剛創業時，還沒有微型貸款這條路可走，每一塊錢都得自己想方設法湊出來。如今微型貸款已越來越普及了。微型貸款的概念，最初是為了幫助低開發國家裡窮困的人民；當時發現，只要二十五美元便能協助窮人創業，例如擺個賣魚的小攤子、販售手工飾品，或是開一家小型便利商店。微型貸款業者如雨後春筍般在全美各地出現後，為不符傳統貸款資格的微型企業提供小額貸款，其金額可能小到僅一萬美元。微型貸款業者中，有很多是幾乎專為移民族群提供服務的小型銀行。舉例來說，紐約市的諾亞銀行（Noah Bank）主要服務對象便是韓裔美國人社區，而卡梅歐（Cameo）微型企業援助公司則協助加州兩萬一千個商家行號——如有機農產攤、托育中心和餐車等——辦理貸款。

三、中小企業需要持續的訓練與支援

中小企業管理局規劃了許多方案④，協助培植中小企業主邁向成功。這些培訓課程中有很多都可透過中小企業進修中心（Small Business Learning Center）進行線上教學。課程包括如何創辦加盟企業、如何寫營運計畫書、如何建立會計系統、如何行銷產品，諸如此類。其中一項大有可為的方案是中小企業新秀領導人培訓計畫（Emerging Leaders Initiative），特別針對企業位於長年貧困的社區、具有成長潛力的企業負責人。為了建構永續經營的企業並促進都會貧困社區的經濟發展，此計畫提供這些企業負責人必需的組織架構、資源網絡及動機。新秀領導人培訓計畫至今已協助將近一千三百名都會區及原住民中小企業主維持及發展他們的企業。參加者自結訓後，已從新型融資取得超過兩千六百萬美元，也從聯邦、州、地區和部落取得合約，金額累計達三億三千萬美元。這是中小企業成功的實例。

在美國，**中小企業是你和我，是我們的鄰人和朋友**。它們是這個國家的心臟與靈魂。這當中有許多由移民催生的企業，更為其他美國人創造就業機會和榮景。

(1)國防部的導師與門生計畫成立於一九九一年，宗旨為扶植弱勢的中小企業，藉由幫助它們擴大市場參與度，創造更多就業機會並增加國內所得。此計畫透過以個案協約的方式與大企業配合，協助中小企業獲取總承包和分包合約。依過去的慣例，這些企業夥伴各生產不同產品，並專長於環境修復、工程服務、資訊科技、製造、通訊或醫護。近年來，新的導師與門生協約則著重於防蝕技術、資訊安全、機器人技術開發以及電路板和金屬元件製造等產業。國防部的導師與門生計畫相關資料可洽美國國防部中小企業計畫處（U.S. Department of defense, Office of Small business Programs）。

(2)每兩年，中小企業管理局會與各主管單位共同設定總承包與分包數量目標，計分方式則以這些議定目標為依據。每個聯邦主管單位都有不同的中小企業承包數量目標，每兩年便會與中小企業管理局商議並調整，中小企業管理局則確保所有目標加總的數量超過法定二十三%的標的。計分方式是凡超過其目標一二〇%的單位可得A＋，達成一〇〇%至一一九%的單位得A，達成九十%至九十九%者得B，達成八十%至八十九%者得C，達成七十%至七十九%者得D，未達七十%者得F。

(3)參見二〇一三年八月九日財富新聞（MoneyNews）網站的〈美國退休者協會調查報告——許多年長工作者自行創業並生意興隆〉（Many Older Workers Start Their Own Business, Thrive）一文，丹．威爾（Dan Well）撰稿。他在文中寫道，「由年長工作者創辦的企業顯然營運得很好。根據美國退休者協會的調查，受調者中有將近四分之三的年長自雇者表示，他們的企業在二〇一一年有獲利……同時，根據德國柏林馬克斯．普朗克人類發展研究所（Max Planck Institute for Human Development）發表於《心理科學》（Psychological Science）期刊的研究，六十五歲以上的工作者比年輕的同行更有生產力，也更可靠。研究所的弗羅里安．施密德克（Florian Schmiedek）博士表示，『分析結果顯示，年長者具有較高的一致性，這是因為他們已熟知完成艱難任務的策略，並持續保有強烈的動機，而且日常作息規律、情緒穩定。』」

(4)二〇一〇年九月二十七日，歐巴馬總統簽署了中小企業工作法（Small Business Jobs Act），它是十多年來有關中小企業的立法中最重要的一項。新法提供了重要資源，以協助中小企業持續推動經濟復甦與創造就業機會。新法擴大了中小企業管理局增列的貸款條款，同時更投入百億美元提供創業者和中小企業主放款援助、減稅和其他機會。鼓勵措施的其中一項為增列的貸款條款——投入超過一百二十億美元用於放款援助、提高貸款上限、放寬中小企業的申請資格限制、房屋二胎貸款臨時條款，以及為販售汽車、休旅車、船舶的企業提供特殊福利，還有取得聯邦合約更公平的機會。內文提及的新秀領導人培訓計畫，便是中小企業管理局提供支援的絕佳例子。這項培訓是為培養企業主，而且對象不只針對新創企業，也針對打算創業的人士。企業的申請資格為公司年營收須至少達三十萬美元，公司成立至少三年，而且除本人之外須至少有一名員工。

Chapter 5

傳承：讓教育引領夢想的延續。

來到美國這數十寒暑，我深刻體認到，美國雖然充滿機會，但是你必須爭取並為它努力奮鬥，唯有透過教育才能讓夢想實現並且延續下去。

美琪和我在三個孩子出生時，包括生活、工作等各方面，我們仍在努力扎穩根基，就連英文都還不太靈光。那時候，我的母親跟我們同住，所以中文成了孩子們最先認識、學會的語言。在我們居住的那個社區，找不到第二個亞裔家庭。那地方並不像紐約市或舊金山，所以沒有華人社區。孩子們雖然取了英文名字，但是他們小時候還是感覺得到自己跟別人不一樣。我的女兒潔西卡說她記得很清楚，幼稚園上學的第一天，她不會講也聽不懂英文，當所有小孩起立朗誦《效忠誓詞》時，她嚇壞了，一心只想回家。

回想起往事，潔西卡坦承，「有些時候我不懂為什麼自己如此與眾不同？為什麼我的外表長得不一樣？為什麼我不像其他小孩？」身為移民的子女並不輕鬆，不過隨著時間加上努力，我們一家人已慢慢不再感到疑惑或恐懼。

早年我為了創業，長時間投入工作，教養兒女的重任便由美琪接手。

孩子們剛入學時，我們看到學校安排的課程表大感驚訝。在台灣，學生每天上午八點開始上課，直到下午五點才放學；如果遇上大考將至，甚至可能在學校待到晚上七、八點。但是在佛羅里達，學校下午兩點就放學了。

光是學校教的還不夠

美琪堅信光是學習學校教的知識對孩子們是不夠的，因此她認為我家的孩子需要學習更多。放學後，當孩子們的朋友在外面玩耍時，我家的孩子得坐在家裡的餐桌前唸書，背世界地圖、抄寫百科全書裡的詞條，或是做任何美琪想得到能增強學習能力及紀律的事情。美琪以口頭鼓勵和獎品激勵他們，讓他們各科都拿到最好的成績。美琪告訴他們：「你們得常常訓練自己的頭腦。」

美琪相信數學能力強很重要。她會給孩子們十道習題；若是有一題算錯，就再出十題，兩題算錯，就再出二十題。她會拿出百科全書，要孩子們自己挑一個州，將這個州的相關知識鉅細靡遺背下來——細到連州鳥都不能漏掉。這類知識或許不頂重要，重點在於幫助他們增強學習能力。

美琪也積極參與學校的活動，幫忙發起能增進學生們知識和文化意識的計畫。她不是所謂的「虎媽」，但她非常認真看待自己所扮演的角色。在美琪看來，**家是打造成功人生的地方**，她不認為該把這個責任全推給學校。

亞洲移民普遍都有這種教育觀念，也都從中獲益，《移民的優點：我們能從來到美國的新移民身上學到那些關於健康、快樂與希望的課題》（The Immigrant Advantage: What We Can Learn from Newcomers to America About Health, Happiness and Hope）一書的作者克勞蒂亞．寇珂（Claudia Kolker）稱它為「課後補習」①。一般美國家庭會為小孩請家教，都是因為有某一個科目被當掉。但課後補習卻不同。「它是為了超前，為了永遠比別人領先一步。」寇珂如是說。

幫助下一代邁向成功

前陣子我問過女兒，是否曾經因必須比同學朋友更用功而心懷怨懟。

「我知道你們來美國是為了我們，想給我們更好的生活，」徐怡回答我。「當年你們揮別親朋好友，放棄母語，搬來一個人生地不熟的國家，還得學習新語言。你們很努力工作，所以我們願意用功讀書。我們明白這樣能讓我們擁有更好的前程。」

事實的確如此。

我由衷希望幫助下一代邁向成功，但是我認為過去我們培養年輕人就業的做法，有很多方面完全搞錯了方向。我們口口聲聲說希望他們事業成功，卻砸大錢在通識教育上，結果他們出了社會卻找不到工作。

我承認我對自己的孩子相當嚴格，我希望他們成為工程師，因為這樣他們能順利找到工作或自己創業。我的大女兒徐怡和兒子徐強都成了工程師，但我最小的女兒徐潔因為對工程學興趣缺缺而裹足不前。她向我表明想要修雙學位——神經科學暨行為心理學以及商業，這是很有企圖心的想法，但是基於對工程的偏愛，我一時看不出這樣做有什麼好處。當時，我只回了她一句：「你的主修跟學插花差不多。」

後來證明我錯了。徐潔不僅非常優秀，還創辦過三家公司，看來我對工程的偏愛有點太過執著了。

有時我會為年輕人提供諮詢，而我總是極力敦促他們將所學與職業連結。前陣子我問一名學生他的抱負是什麼。「我愛音樂，」他回答。「我一彈起吉他，整個人就會沉浸其中，拋開外界的一切。」

「很好，」我說，「我欣賞你的熱情。問題是，你能靠彈吉他謀生嗎？」沒錯，的確有人是靠音樂謀生，我並沒有抹煞這點。但我提出的問題是，若換做是他，是否也有那個能力靠音樂謀生？

據我個人的觀察——有很多研究支持我的看法——音樂才能與電腦能力可以相輔相成。所以，我告訴他：「你不妨一邊唸電腦科學，一邊玩音樂，這樣不僅能增強你的創造力，同時也可以能讓你未來的出路更寬廣。」

引導年輕人走上有助他們邁向成功的道路，是我們的義務，所以我們的觀念必須改變。過去的觀念認為，上大學是一個很有意義的體驗，無論學什麼都好。但我認為這不再是實情，不少專家也開始接受這種想法。

終身持續學習才是「對」的人

喬治城大學教育與勞動力中心（Georgetwon University Center on Education and the Workforce）發表過一篇報告，標題為《艱難時期：大學主修學科、失業與收入——並非所有大學學歷都是生而平等》（Hard Times: College Majors, Unemplyment and Earnings —— Not All College Degrees are Created Equal）。報告中直截了當指出，「近幾年大學畢業生失業的風險，視其主修學科而定。」

舉例來說，大學美術系畢業生的失業率是為十二．六%，而工程學系畢業生的失業率僅有四．九%；人類學系畢業生的失業率為十．五%，而護理系畢業生的失業率為四 %②。

對某些人而言，技職學校是解決之道，傳授專業技能的學校入學人數暴增，因為現在的學生比過去更重視未來的出路。以前常有年輕人會說：「我不知道以後想做什麼，大學就是讓我發現自我的地方。」現今的年輕人沒有時間可以如此好整以暇。若是還抱持那種態度，他們很可能會發現自己在不知不覺中加入失業者的行列。**大學已經不再是一條一定能通往成功的康莊大道。**

除了科系的選擇，我們也要教導孩子們在真實世界成功所需的為人處事之道。光是會寫電腦程式碼是不夠的，還得知道如何有創意的思考以及與別人共事。也許你是個天才，若是你無法好好坐下來，用吸引人的方式與他人溝通你的構想，就一點意義也沒有。

我本身就是個很好的例子。看看我在職場上一路走來的經歷，就會發現我有好幾回都是靠著良好的溝通與討人喜歡的特質，度過難關。我們的學校沒教溝通技巧，因此即便是最出色的工學院畢業生，也可能因為不懂人際關係而失敗。你必須能讓別人想與你共事、自願幫助你順利進展。

我的公司在徵求年輕工程師時，想找的不只是畢業時名列前茅的人，我們還想知道他們是否具備良好的社交技巧、能否跳出框架思考、是否渴望創新、是否有強烈的職業道德。對我們而言，拋出學士帽、踏出大學校門不等於完成教育，終身持續學習的人才是「對」的人。

沒有人天生適合創業

經濟學家理查．默南（Richard Murnane）與哈佛教育研究所（Harvard School of Education）進行了一項研究，評估非認知與認知能力跟未來收入之間的關連。列入評估的非認知能力為：

- 承擔責任的意願
- 獨立自主

・外向性格
・毅力
・穩定的情緒
・進取心
・社交技巧

默南和他的研究團隊發現，非認知能力比認知能力更能有效預測薪資、就業率及年收入。他在美國國家研究委員會（National Research Council）大會上，就二十一世紀必要技能的評估，上台報告時補充說明，非認知能力的用處不僅只能用來檢視就業狀況、薪水及升遷，這些能力也是成為一個健全的人與好公民的要件——「在多元民主體系中過著積極參與的充實人生」。

默南提到，美國所面對的複雜問題及其解決之道，需仰賴懂得如何思考及與他人相處的一群人。他說得很對，**培養我們的下一代成功，比培養他們順利就業更重要**。要享有美國應許的「生命權、自由權與追求幸福之權利」，他們也必須是具備「健全完整人格」的人。

美國創業教育協會（Consortium for Entrepreneurship）是一個推廣創業育成的組織，宗旨是藉由推動創業教育，鼓勵年輕人成就事業。沒有人是天生適合創業的，而是透過運用自身的生活經驗及學習如何實踐才能畢其功。**創業教育沒有文憑，而是靠培養良好的輔助才能，如溝通與人際關係技巧、對經濟的瞭解、電腦數位技能、行銷、管理、運算和理財能力等，讓自己具備創業的本領。**該協會表示，應培養年輕人這些能力，才能讓他們準備就緒，去實現他們的遠大願景。

大學教育與企業需求出現斷層

近幾年，我們常聽到人們討論美國的大學與科技業之間出現斷層。也就是說，**攻讀科學與技術科系的學生不夠多，導致這方面的人才難尋**，然而有越來越多移民填補了這個斷層。根據美國創投協會（National Venture Capital Association）的調查，企業到美國的大學招募人才時發現，重要科技學系的畢業生有很大的比例是外國學生。

數據會說話。二〇一一年，取得電機工程博士學位者當中有超過六十五%是外國人、取得碩士學位者當中有六十%是外國人。此外，幾乎每一個科技領域方面的學系，取得學位者有半數以上是外國學生。

面對這樣的事實，美國的經濟學家和教育工作者早已憂心忡忡地提出警告，攻讀高端技能科系（STEM，指科學、技術、工程、數學）學位的美國學生增加的速度不夠快，難以填補高端技能產業的職缺。根據一項政府研究，到二〇一五年，美國所有高端技能領域需要四十萬名新進畢業生，以滿足產業需求。雖然科技業的成長率是其他產業的四倍時，相關科系的學生入學人數卻沒有跟上這個速度。全美所有大學畢業生中，僅十五%左右主修或副修高端技能。

現實狀況透露的訊息則令人吃驚，從二〇一一年至二〇一五年間，預估北美的雲端運算產業——包括已在「雲端商機」中創造三十一萬一千個就業機會的行動應用程式（app）技術——將創造一百七十萬個就業機會。到了二〇一八年，電腦相關產業將有大量的高端技能職缺——高達七十一%。屆時，誰能填補這些職缺？還有，年輕學子們為什麼還沒爭先恐後抓住這個前景看好的機會？

遺憾的是，高端技能教育受到誤解。大多數美國學生認為這些科目太沉悶、太困難，對這些學科產生一種抗拒的心理。一般大眾則認為這些學科太艱深，讀起來很無趣。

產學接軌計畫，企業積極參與

當然，也不是所有消息都是負面的。有越來越多的州和大學正著手開始培育較低年級的學生，為他們的出路做好準備。舉例來看，麻薩諸塞州的接軌活動（Connecting Activities），是由州政府資助，初等暨中等教育部（Department of Elementary and Secondary Education）推行的一項新措施，用意是推動和維持肯塔基、麻薩諸塞、賓夕法尼亞、維吉尼亞四州的產學接軌系統。此方案為參與學校提供企業外派專家，這些專家會與當地的商會及職涯發展中心密切配合，給予高中學生職場經驗、指導和訓練。以納提克高中（Natick High School）為例，接軌活動的職場專家與輔導室配合，培養十一與十二年級學生做好升學與就業的準備，包括讓學生到當地企業實地觀摩工作狀況，以及參加大學和職涯講座與實習，這些只是全國各州政府推行的許多新措施其中一例。

最近紐約州提出一項遍及全州的產學接軌方案，將與高中及社區大學相互配合，參與的學校和學生將接受速成的職業訓練。支援此方案的企業有格羅方德晶圓代工廠（Global Foundries）、思科系統公司、奇異醫療器材公司（GE HealthCare）、威格曼超市（Wagman supermarkets）以及洛克希德馬丁公司。其中一家贊助企業表示，應屆畢業生將有機會獲得如IBM等公司的優先錄取，起薪相對比一般行情優渥。

在加州的馬林郡（Marine County），馬林郡產學接軌合作計畫（Marine County School to Career Partnership）結合學校、企業和相關組織，為學生創造令人精神大的學習機會。合作計畫是馬林郡教育局代表各學區所推行的方案，服務對象含括各種不同學業程度與社經背景的學生。學生透過實地觀摩的經驗，深入瞭解可能適合的職業，思考未來的升學目標，培養在職場獲取成功的必要技能。這項計畫與超過兩百家的企業和組織合作，提供學生學習經驗，培養他們成為技能嫻熟的未來職場勞動力。已有幾乎來自所有產業的一百多家當地企業報名，願以提供實習的方式參與這項計畫。

社區一起出力

美國教育部表示願意大力支持學校的積極求變，加強就業準備。二〇一三年有一項新措施，是為了加強學生的培訓，因應高科技經濟的人才需求而設計；此措施將會獎勵與企業發展合作關係、並開班教授高端技能的學校。教育部認知到，與美國競爭的很多國家，早在學生的國、高中階段便提供更嚴謹的相關教育，所以美國必須做得更多。

新措施包括投入三億美元經費進行一項競爭獎助金計畫，支援學校及高等教育機構之間的合作；還有跟工商產業、非營利團體、社區性組織配合，來改造中學。經改造的中學將建立幾套學習模式，讓學生在高中畢業時便擁有大學同等學歷及職業相關經驗。教育部也將投入更多的經費切實執行「二〇〇六年柏金斯職涯與技術教育促進法」（2006 Carl D. Perkins Vocational and Technical Education Act），加強注重職技課程學生的學業成績。

從這些計畫和方案不難看出，全國各地對於加強推動產學接軌，展現出令人充滿希望的決心。人們有了全新的領悟，那就是教育必須要有目的，而這個目的就是讓我們的年輕人做好就業及順利發展事業的準備。

企業界在提供職場實務教育上，也可透過提供實習及義務參與學校活動的方式，扮演積極的角色。這方面另一項令人印象深刻的新措施，是勞工家庭之聲（Corporate Voices for Working Families）與美國學校行政人員協會（American Association of School Administrators，AASA）的合作，這些合作夥伴們共同協助社區在產學之間建立更廣泛的聯繫，以進一步確保學生在高中畢業時已具備得以順利發展職涯與人生的必要技能。他們的目標是落實「二一年準備就緒」（Ready by 21）計畫，宗旨是讓預定的成就目標到二〇二一年更加完善。

美國學校行政人員協會的常務董事丹尼爾．多明尼許（Daniel Domenich）指出，「事實是這需要社區一起出力。不只是學校出力，不只是基督教青年會（YMCA）出力，不只是聯合勸募會（United Way）出力，也不只是公司和企業出力。必須所有人齊心努力，方能成功。」而這也是我們大家的目標。

我一直透過我的公司提供實習機會給許多年輕人，其中也包括我的兒女。每年夏天，我們都會釋出幾個職缺給當地青年，不過我們也會找十到十五名實習生，盡力傳授工作訣竅。他們會從一個部門轉到另一個部門，在各個不同領域吸收兩個星期的經驗。經由這種方式，學生們也許會發現自己比較適合或比較偏好那一方面的工作，這也是讓他們瞭解一家公司如何運作的最佳途徑。

不過，這麼做有時也會有點麻煩，畢竟我們是一家國防科技公司，有很多機密業務，但是我仍堅持保留實習生計畫，所以我們依然持續這麼做。

培養下一代國際青年領袖

二〇〇一年，身為加州公務員和移民第二代的傑龍（Joel Szabat），成立國際領袖基金會（International Leadership Foundation，ILF），目標是提供獎學金並激勵亞裔美籍青年成為領袖。現任交通運輸部副次長的傑龍強烈認為，我們有義務培育下一代成為未來的領袖。初次聽說傑龍的基金會時，當下我便大為興奮，他的理念與我不謀而合。

國際領袖基金會成立十多年來發展蓬勃，有幸擔任它的理事長令我引以為傲。我與傑龍的太太董繼玲合作十分密切；她是一名傑出的女性，目前擔任基金會的執行長兼創會主席，擁有豐富的國內與國際經貿發展經驗，曾因輔導少數族裔中小企業而獲頒好幾個聲望卓著的獎項。

國際領袖基金會最具代表性的計畫之一，是為亞裔美籍青年提供三十到四十個在政府單位為期兩個月的短期職位，我的女兒徐潔便參加了其中的一項計畫，進入商務部工作。從此，她愛上了華府。

國際領袖基金會推行的另一項出色計畫是青年親善大使培訓計畫（**Young Ambassador Program**），它選出六十名傑出的亞洲學生參與在華府及美國東北地區為期十二天的培訓。它的目標同樣是為培養下一代成為國際青年領袖，解決這個瞬息萬變的世界局勢中的全球貿易與政治問題。這項計畫提供的國際體驗包括一系列引人入勝的講座、參觀行程，以及從國際貿易關係到公共政策與立法程序等議題的討論。參觀行程包括拜訪白宮、國會、聯邦政府機構、聯合國、華爾街及美國頂尖大學。我堅信這些學生們在參加過這個計畫後，無論從事什麼工作，都有能力成為當中的領導者。

我很自豪能擔任這個基金會的理事長，親眼看著它年年成功培訓出一批又一批優秀學生。但我也相信我們必須惠及所有的年輕人——不只是最頂尖的學生，也不只是那些所謂最優異和最聰穎的學生。

天下沒有教不來的孩子

二次大戰後，軍人福利法案（GI Bill）讓數以百萬的退伍軍人得以接受大學教育，它常被視為在戰後數十年間建構中產階級的關鍵。現今情況則不同，大學四年的教育不見得是通往中產階級的必經之路。我認為社區大學的價值被低估了，其實對某些學生而言社區大學顯然是較合適的選擇，有時甚至是獲得更佳職涯的途徑。大學評估機構（College Measures）在分析來自三個州的資料後發現，技職課程的新近畢業生在進入職場後的收入，不只是比在社區大學唸非技術課程的同儕多，也比擁有學士學位者多③。此外，**兩年期的課程對某些學生來說更合適，不僅學費比較低廉，也讓他們有機會在付出高額學費去上可能不適合他們的課程之前，先弄清楚自己的能力與興趣**。

回想起求學的歲月，自己其實是表現很糟糕的學生，我總是覺得很慚愧——課堂上的一切學習都讓我感到無聊，甚至興趣缺缺。當年我自認是個不受羈絆、無拘無束的人，管它那究竟是什麼意思，但是這種態度對我真的一點好處也沒有。但我很好奇，倘若當年遇到有遠見的老師，我的經歷會有多大不同？

我們必須永遠記著，青年是我們最寶貴的資源，他們並不會像野地裡強韌的樹苗般自動自發地成長，而是需要適當的培養。我認為「天下沒有教不來的孩子」這句話是對的，只有不會教的指導老師。

我總是告訴年輕人，他們的未來有無限可能。一切端看他們是否弄清楚自己想做什麼，願意為此付出多少努力。沒有人能替他們決定前途，若他們不滿自己所遭遇的機運，因而感到氣餒，我會把我母親的忠告轉告他們：**「如果小池塘容不下大魚，就去找個大池塘吧。」**

(1) 寇珂在書中提到移民的很多「好習慣」幫助他們獲致成功。她寫道，這些習慣「並不深奧難懂，而是基於常識、預見結果的直覺力……這些特性向來是移民的特徵。打從至少一八八〇年起，來到美國的第一代移民就比土生土長的美國人更常自行創業。他們具有工作倫理。就如政治學家法蘭西斯．福山指出的，『（他們是）真正謹守英國清教徒價值觀的一群人……現今世上哪種人最勤奮？當然不是擁有六週假期的當代歐洲人。真正的清教徒是那些韓國裔的雜貨店主或印度裔創業者，或來自台灣的工程師，或俄國裔計程車司機；他們在美國自由且相對較無嚴格規範的勞動力市場身兼兩到三份工作。』」

(2) 參見二〇一一年三月七日CNBC財經新聞台的〈四年制通識教育模式是否已死？〉（Is the Four-Year, Liberal Arts Education Model Dead ?）一文，羅勃．魯特曼（Rob Reuteman）撰文。魯特曼在他這篇聳動的文章中寫道，「皮龍民調中心針對二〇〇九至二〇一〇學年度入學的廿二萬名新鮮人所做的一項調查發現，有五十六．五%的學生表示，挑選一所其學生畢業後即能找到好工作的大學『至關緊要』。教育部次長瑪莎．坎特（Martha J. Kanter）在二〇一〇年的某次演說中表示，『懷疑論者如今將研習通識與人文學科視為一種奢侈，因為在全球經濟飽受衰退的嚴重影響下，它們跟培養學生具備與來自其他國家的同儕競爭的能力並無密切關連。這一切皆透露文理學院為二十一世紀提供的是一種典雅迷人卻華而不實的教育。』」

(3) 報告舉出德州與阿肯色州為例。在德州，擁有科技和醫護等領域之副學士學位的工作者，在畢業後第一年的中位數年收入為五萬八百二十七美元，比擁有學士學位者平均多了一萬一千美元。在阿肯色州，擁有職業證照的航太技師在就業第一年的平均收入為四萬美元以上，而擁有心理學學位的四年制大專畢業生的收入約兩萬六千美元。

經濟創新的國度。

我常聽到人們抱怨，曾經造就美國榮景的基礎製造業如今正逐漸凋零，工廠關門，工作外包，數以百萬計的職位也隨之永遠消失，很多人對此感到沮喪。我的看法則是會出現「機會不再」的想法，表示人們的想像力開始變得貧乏。

機會並非只存在於某一種產業中，重點在於我們能否看出需求為何。我相信只要我們能抓住每一個機會，發掘出這個國家的每一項需求，想出滿足這些需求的辦法，或許一年就能創造兩萬家新公司。換句話說，只要把自己想成是解決問題的人，我們就會成功。

看出潛力的火花

隨著公司的擴展，我也越來越重視創新，而且隨時都在尋找新機會，積極創新。

有一天我接到一通電話，是電腦科學公司（Computer Science Inc.）的老闆馬提·史柯卡（Marty Skalka）打來的。我跟他並不算熟，只有偶爾在本地的一些會議上打過照面，不算是親近的朋友。我曉得電腦科學公司手上有幾個政府合約案，在馬提向我求助之前，我只聽說他們的財務出了點狀況，使馬提難以履行合約。

在電話裡，馬提聽起來似乎已打算忍痛聽任他的公司倒閉。

「保羅，我在兩星期內就要聲請破產，」他說，「可是公司有項業務，我不忍心眼看它跟著整家公司一起完蛋。我已經是七十多歲的老人了，可是你還年輕、精力充沛。你何不評估看看，說不定能把它接下來。你看怎麼樣？」

接到這通電話讓我很訝異。

「馬提，」我回答。「我沒辦法在什麼都不曉得的情況下，就答應把你的業務接過來。我很感激你的提議，可是我需要先知道它能不能跟我們公司的主力相容。如果它跟電子產品無關，我想我就沒辦法接。」

馬提懂我的意思，他向我保證這項名為行動監測（ActiGraph）的業務跟我的專長領域正相合。它是為軍方製造穿戴式電子監測器，而這個名為加速度計（accelerometer）的儀器可計算能量消耗及熱量需求，有助軍方決定軍隊的調動、飲食安排及其他後勤規劃。

我感到心癢癢的。

「噢，」我說，「這東西聽起來很有意思。」

他馬上逮住機會。

「那就拿去吧！它是你的了。」

「馬提，」我大笑，「我得付你錢。」

「好啦，都隨你，」他說，「付我發明費就好。我看看，就兩萬美元吧。還有，我希望你能留用三名組裝員。」

「嗯，我覺得挺公道的。」我說。「只不過我們是一家國防科技公司，所以我沒辦法任意支付錢，我得報備。即使我要付你五塊錢，也得讓政府知道我為什麼要付你五塊錢，這是規矩，我會派幾個人過去察看庫存。」

於是，我派凱斯和一名工程師過去，仔細檢視馬提的存貨。我們也找了馬提希望我們留用的三名員工面談，並滿心樂意地雇用了他們。他們以前曾在哈里斯公司工作，跟凱斯和我都很熟稔。

清點結算完畢後，我打電話給馬提。

「我想我沒辦法付你兩萬美元，」我說。

「喔，好吧，」他立刻回答。「你能付多少就多少。你雇了我的三個人，這樣就夠了。」

「你沒聽懂我的意思，」我對他說。「馬提，你的存貨值七萬美元，所以我得付你七萬。」

「哇，你確定嗎？」

「從存貨看是這樣，」我明確告訴他。

付給馬提超出他的公司所值的錢，對我意義重大。存貨不見得值七萬美元，也許值個五、六萬美元吧。但是我估量他已經裁了跟頭，我不想趁機落井下石。當時我還不知道行動監測的市場會變得那麼大，但是我已經從中看見潛力商機的火花。

成長的重要方針之一是能看出這些火花——即便它還很微小——加以培養經營，看看能將它發展到什麼程度。

誰說大象不會跳舞？

有一些美國最具指標性的企業正在奮力求生存，重要關鍵在於他們是否有能力看出並掌握新機會——若是它們做不到，別的公司將取而代之，其中包括幾家最龐大和最精明的企業，如麥當勞和福特汽車。不過才幾年前，所有的人都認為美國的汽車工業快沒戲唱了，但接下來福特竟延攬了原擔任某家飛機製造公司執行長的艾倫．穆拉利（Alan Mulally）。穆拉利並非「汽車業自家人」，所以沒被汽車業的傳統思維困住。他大刀闊斧進行整頓，才讓福特整個改頭換面，呈現新局面。

環顧周遭，我們會發現老公司靠徹底改造而起死回生的例子。路．葛斯納（Lou Gerstner）

在他的著作《誰說大象不會跳舞？》（Who Says Elepnants Can't Dance？Leading a Great Enterprise through Dramatic Change）中談到ＩＢＭ的改頭換面。在一九九〇年代初，ＩＢＭ是一個暮氣沉沉的龐大企業，無法跟上市場上新崛起、較靈活的科技公司的腳步，於是它大膽地徹底轉型。就如葛斯納所言，「誰說大象不會跳舞？」ＩＢＭ讓大家看到即便是最大的企業，也有辦法改變。

唯有能將改變融入其基本架構的公司與企業領導人，才是最高明的，蘋果公司或許是最好的例子。它從組裝桌上型電腦起家，但它的經營模式是不斷找出人們的新需求並設法滿足它，因此沒有人會認為蘋果僅僅是一家電腦公司。

面對創新力日漸衰弱的危機

打從建國之初，美國便將自己定位為一個以創新為基礎的國家，第一項創新就是它的政體。而我們這個時代最偉大的發明，便是出自這種追尋機會的創新精神。美國開啟了電信通訊的時代，發明大幅降低感染死亡率的盤尼西林，引領工業革新，並造就如愛迪生與福特（Henry

Ford）等偉大的發明家。毫無疑問的，創新讓美國強盛，讓世界變得更好。然而隨著近幾年間製造業的衰退，開始有人提出質疑：美國是否真如我們向來認定的，仍然是一個創新的國度？

幾年前，身為華裔移民第二代的組織與創意顧問高健（John Kao），寫了一本頗具爭議性的書，書名為《創新國家：美國如何逐漸喪失創新優勢、為何這點至關緊要、以及該如何重振雄風》（Innovation Nation: How America Is Losing Its Innovation Edge, Why It Matters, and What We Can Do To Get It Back）。高健的前提是美國因久居全球主宰地位而變得自滿，在此同時，從中國到匈牙利等其他國家卻開始全力發展。「這是一個關鍵時刻，」他寫道。「或許可以說是歷史性的一個臨界點。正當我們開始懈怠，其他人卻在加速前進。」他在書中殷切呼籲美國應該挹注更多投資在「創新」上。「所需要的不外乎是大量投入美國的資源、人力與財力，來恢復我們創新的動力。」

美國外交關係委員會（Council on Foreign Relations）全球衛生資深研究員黃延中（Yanzhong Huang）在二〇一三年十月《亞洲隨議》（Asia Unbound）線上雜誌的部落格中寫道，美國正遭逢創新力日漸衰弱的危機。他舉國家衛生研究院（National Institutes of Health）的撥款趨勢為例，這個機構是許多科學創造力的源頭。他指出，二〇〇三到二〇一三年間，申請經費的件數從近三萬五千件增加到超過五萬一千件，同時國家衛生研究院的撥款卻從兩百一十億縮減到一百六十億（以一九九五年的美元幣值計），使得科學家們越來越難申請到國家衛生研究院的經費。申請成功機率從二〇〇二年的三十二%降到二〇一二年的十八%。拿同項趨勢與中國相比，黃延中指出，中國所做的投資只有增加，政府資助的研究經費更成長了二十%。黃延中力促美國謹記我們為的是什麼，重拾大膽無畏、實幹進取的方針，避免議會僵局（它導致破壞性的政府停擺）。

已退休的洛克希德馬丁公司董事長暨執行長諾姆．奧古斯丁（Norm Augustine）在《富比士》雜誌中為文提出恢復創新力的熱烈呼籲：「全球領導地位並非與生俱來的。不管眾多美國人怎麼認為，我們的國家並非天生就擁有變強盛的本領。強盛須靠每一代人努力奮鬥和爭取，但此時人們並沒有這麼做。不過我們還有時間，倘若我們將理應加強的重點放在教育、研究和創新上，我們便能在未來數十年領導這個世界。」最重要的是，只要美國信守它的原則，這世上就沒有一個國家能與它匹敵。這些原則不光是表現在意識型態，也表現在決策中。而創新是在數以千計不同情境中靈光乍現的當下發生的。

慢慢來，一步一步扎穩腳步

買下行動監測業務後，我請在全零件資料庫公司任職的傑夫．阿涅特（Jeff Arnett）來經營這家新公司。傑夫具有電腦科學方面的背景與銷售的資歷，做起事來勁頭十足，而且很樂意全力投入這項任務。我向他解釋我的理念，那就是慢慢來，一步一步扎穩腳步。我們要做的第一件事是拜訪現有的客戶；為數不多，不過幾個而已。我們必須瞭解他們如何運用這項科技、它有什麼優點、缺陷在哪裡，以及還有那些人會覺得它很有用處，我們必須找到可資發展的市場。

我對行動監測的經營方式就像對其他的業務一樣：**首先，發掘客戶的需求，從基礎開始發展，用老法子去做——也就是全力苦幹**。在過程中，我們找到了商機，也看見它開始展現耀眼的光芒。

舉例來說，國民健康是世界各國政府投入最多經費的項目之一，這是事實。但近幾代人的健康狀況卻比前幾代還差，兒童的肥胖問題也越來越嚴重。我們察覺到這幾個趨勢，便為行動監測規劃革新性的發展方向。

我們很快就發現手上握有一個強大的工具，有助於克服監測整體健康狀況所遭遇的難題，而且不只是為軍方，還包括一般大眾。行動監測公司的任務轉變成提供最精確且具科學實證的活動暨睡眠監測軟硬體，為先進研究、製藥、醫療、保健等機構解決難題，進而增進全球民眾的健康①。

接下來幾年，行動監測公司隨著我們為醫療保健產業提供必要工具而成長。譬如，在全國健康與營養調查研究（National Health and Nutrition Examination Survey）中，行動監測器被用於蒐集近一萬五千名六歲以上受訪者的體力活動資料；這項長期研究計畫是由國家衛生統計中心（National Center of Health Statistics）進行，目的是評估美國成人與孩童的健康與營養狀況。目前在美國，兒童肥胖症是個迫切需要解決的問題。在兒童肥胖預防與治療研究（Childhood Obesity Prevention and Treatment Reasearch，COPTR）的計畫中，行動監測器被用於測量父母、孩童與青少年受測者的體力活動；樣本總數達兩千八百份，這也是首次針對兒童肥胖預防與治療所做的長期調查研究。

此外，歐洲也有一項大規模研究，針對歐洲的十一個國家，調查二至九歲兒童過重與失調症的各項影響因素。在此項研究中，行動監測器則被用於蒐集體力活動以及含括近七千五百位參與者的子樣本體力活動與心率綜合數據。

我們也參與布萊根婦女醫院（Brigham and Women's Hospital）及哈佛醫學院進行的一項劃時代研究。這項於一九九三年展開的隨機試驗，針對四萬名四十五歲以上的女性醫技專業人員，測試補充低劑量阿斯匹靈和維他命E對心血管疾病與癌症預防的效果。試驗於二〇〇四年結束，而這項婦女健康研究如今已演變成全美規模最大、歷時最久的婦女健康觀測研究之一。目前正在進行的一項附屬研究則針對來自原始試驗的近三萬名女性，檢驗其體力活動對健康狀況的影響，而行動監測器也被運用於客觀測量受測者的體力活動。

這些以及其他計畫讓行動監測器得到醫療保健研究界的信賴。如今，我們有為研究人員設計、功能強大的一套設備，這項成功為我們打開了參與製藥業藥物試驗的大門，我們也預測它將會是我們業務最大的一部分。

二〇一二年，行動監測公司獲得國家衛生研究院的獨家合約，這個研究所是美國政府在華府最大的醫學研究機構。如今，國家衛生研究院每回進行睡眠失調症、肥胖症或癌症復健的研究，就會使用行動監測儀器，而這項合約業務也擴展到世界各國。這對我們來說是個大好機會，我們做得兢兢業業。

兢兢業業，求新求變

求新求變一直持續進行，而且隨著業務的成長，我們結合了一組科學諮詢團隊及軟體諮詢小組，尋找能讓我們在競爭中保持領先地位的方法——我們開發的下一個領域會是什麼？我們該如何持續改進產品，使其更精良，功能更擴大？我們從不斷改良的基準點著手運作，如今的行動監測公司已不是當初馬提主掌時的模樣。過去這七年來，我們已將產品重新改良了四到五次，這是我們之所以總是領先對手，並且能夠以三百到四百美元的定價——高於同類型產品價格——銷售行動監測器的原因。信譽及精良品質是很有價值的。

行動監測公司成了彭薩科拉最有價值的企業。在方圓一百英里內，沒有一位工程師不想在這樣一個充滿創新力的環境工作。來到行動監測公司，它的環境和氣氛可能會令你聯想到矽谷。它處處洋溢創意，員工能帶自己的愛狗上班，還有一間供年輕工程師們抒壓的遊戲間，到處都能感受到創造力。我們歡迎新構想和新突破，也沒有人會因犯錯而受責難，畢竟這是過程的一部分。我們的員工都很清楚，他們不只是在因應技術與科技方面的挑戰，也在創造可能對數以百萬的民眾有正面影響的改變。這是一份充滿成就感的工作。

與全世界連結的能力

移民具備一項特質，那就是具有與全球連結的能力，也就是能將我們新獲得的機會擴及世界各地，這點鮮少為人所知。移民對於如何連結全世界有深刻的瞭解，而且通常擁有充沛的人脈及資源。**我們共享一個地球，因此一個國家的行動也會影響到其他國家**。

住在美國讓我更清楚意識到無汙染能源解決方案的需求，特別是在我出生的亞洲。在多次造訪中國的行程中，令人想像不到的汙染總讓我備受困擾。回到美國後，我常會嚴重咳嗽好幾星期，因此我無時無刻不希望能為汙染問題盡一分力，做出對全球影響深遠的貢獻。幸運的是，我受邀加入哈佛大學亞洲研究中心（Harvard University Asia Center），擔任資深研究員，從事能源效益的研究，終於讓我得以將自己對全球環保的責任感化為行動。

調查和研究顯示出中國的汙染問題就出在煤，美國和中國是全球兩個用煤量最大的國家。煤是最便宜也是最易取得的燃料來源。在美國，我們正在實驗許多替代技術；但中國的情況卻大不相同，因為煤在當地的蘊藏豐富，成本也較低廉。在中國，有超過五十萬家工廠是以煤為燃料。政府憂心汙染問題，也公開承諾要設法減少它的使用，卻無法強制要求五十萬家工廠全部停止使用煤。實際上，政府毫無對策，因此我很想為他們找出一個兼具燃煤需要又可減少其汙染的辦法。這是一項挑戰，一方面令人為它的潛力而興奮，一方面又讓我徹夜難眠。

為了進行這項計畫，我成立一家能源管理公司，名為然科環保技術公司（Ecotech Global Solutions）②，並與中國質量認證中心及浙江大學共同合作。我們開發出一項設備，期望能增進煤的燃燒效率。我們的首個測試目標是窯業，它遍布中國各地，是汙染的最大禍首之一。窯業經營成本很低，也非常低科技，基本上就是把陶土放進窯裡燒，最重要是會產生大量的汙染。

我們開發出來的設備功能是先將煤磨成粉，接著製造氧氣把煤粉打進燃燒室，藉此提高溫度。一旦溫度提高，就無需再燒那麼多煤。概念其實非常簡單。等我們造好機器，並拿到批准我們在工廠實地測試的許可後，情況就變得很有意思。就如每一項新技術，總是會發現有待改進的缺陷。一開始，機器並沒有運作得很順利，我花了兩、三個星期待在工廠，設法解決問題。每天到了下工時刻，我不僅被煤煙燻得灰頭土臉，還被煤粉嗆得直咳嗽。不過我們終於把問題解決了，那是讓我非常開心的一天。

這套設備的潛在價值，大得令人難以置信。我預測我們的設備可望為中國減少二十%的汙染，這個數據真不得了！而且受益者不只是中國人，因為可別忘了，我們居住的地球很小，北京的霾害已傳播到阿拉斯加和加州。因此就這點而言，凡是對這個世界有益的，對美國也十分有益。**創新者所有的不只是好點子，也得有實現它的毅力。**

抱著創新的心態

既然創新是如此的迷人，你該如何確認自己是抱著創新的心態做事？以下八個原則是我從年輕時就開始採行的，並且也經得起時間的考驗。

一、在說「也許」之前絕不說「不」

當你說「不」，就等於關上大門，將機會拒於門外。我可以想到我一生中起碼遇過十幾次大可說「不」的狀況，但我打住，轉而回答：「讓我想一想，讓我查一查。」馬提找我接手行動監測公司時，我並沒有經營新公司的打算，尤其是在自己不太熟悉的領域，我大可以輕而易舉地回絕他。但我踏出了一小步，願意先聽聽再說，之後的發展就無需贅述了。

二、保有好奇心

我很幸運的與生俱來就充滿好奇心，而且喜歡自己動手修東西，事事都想探個究竟。也很喜歡愛因斯坦的說法——「神聖的好奇心」，正是好奇心把我們帶上太空。**我相信所有的人來到這世上，是為了參與一個終身學習的過程**。大學畢業並不等於學完所有知識；學習是永無止境的。回顧過往，我可以很肯定地說，我所學到的經營知識中，有大部分是靠實際去做和不斷敦促自己學習和成長得來的。

我創辦然科公司時，美琪問我：「為什麼你要做這個？你到何時才會慢下腳步？」我告訴她，那是因為我覺得這個難題很有意思；它為我注入活力。至於慢下腳步，說不定我永遠也做不到。

三、要有膽識

我兒子徐強大學畢業後，費了很大的勁尋找一份理想的工作。對身為工程師的他來說，要找到工作應該不難，但是他決意要進入電玩產業，因為這是他的最愛。我對電腦遊戲所知不多，所以對此存疑。我以為他不過只有五分鐘熱度，沒想到徐強很堅持。那段時間，他跟我們同住以節省開銷，一邊找工作。

有一天，他告訴我：「紐約市有一家公司生產我最愛的遊戲，如果能為那家公司工作，我一定會很開心。」但是，他不知道該如何敲開對方大門，於是我力勸他不妨大膽試試。

他手上有公司聯絡人的聯絡方式，所以我建議他：「你不妨連繫他，讓他知道這個耶誕假期你將在紐約待一、兩個星期，很希望他能抽出幾分鐘跟你談談。你就過去，給他一個認識你的機會吧。」

徐強狐疑地看著我。「你確定嗎？」他問。

「我很確定，」我回答。「他花的也不過就是幾分鐘時間而已，既不用供你機票也不用供你吃住。」

徐強照做了，結果得到了那份工作。

一切就只需要主動進取的意願和大膽去做的勇氣。**放膽嘗試、相信自己，採取必要的行動來讓別人認識你，這又不會對你造成什麼損失。**

四、努力設法瞭解人們想要的是什麼

我們這些置身科技界的人，有時可能會忘記自己所從事的行業其實是為了滿足人們的需求。如果你能一直把這個原則放在首位，你就會不斷致力於創新。既然人們的渴望和需求是無窮盡的，創新型的思考者就會想盡辦法去加以滿足。

瞭解客戶比需要花多少錢更重要。每一年，知名諮詢公司博斯（Booz & Company）的《全球創新一千》（Global Innovation 1000）研究報告都強調一個事實，那就是企業投入研發的金額大小，與其總體財務表現並無關連。不過**最高明的創新者們都是透過世上最古老的方法——直接觀察客戶的需求和反應，想出點子**。

五、建立人際關係

對我來說，我所建立的人際關係甚至比我創造的產品更重要。一再有人向我伸出援手，而我也同樣對別人伸出援手。向他人敞開心胸並建立互信，不會讓你有損失。我也從自己公司的員工身上學到，當我以尊重的態度對待他們，將他們當成共創榮景的夥伴，而非為討生活忙碌的勞工，他們回報給我的創意和努力，比我所付出的多了百倍。只要工作者全心全力投入，沒有什麼是無法達成的。所以我總是說，**不只要共苦，也要同甘**。

我的榜樣之一是曾任克萊斯勒汽車公司總裁的李・艾科卡（Lee Iacocca），至今我仍敬佩他一手將一九八〇年代瀕臨破產的克萊斯勒轉虧為盈。在他諸多的措施中，有一點特別令我讚嘆——艾科卡在克萊斯勒最艱難的時期，宣布他將只拿一美元的薪水，他認為共體時艱是他的義務，這對員工來說是很大的激勵，員工更加信任他，因為他願意跟他們站在一起，共度難關。

六、深思熟慮地進展

創新是過程，而非目的地。我向來都是慢慢將公司建立起來的，從不急著賺大錢。每當我跟學生或年輕工程師對談時，常會看到他們眼中閃爍著渴望能一朝發大財的光芒。他們都聽過有人光靠發明行動軟體應用程式就賺到幾千萬美元，因此他們也迫不及待地想要馬上行動，好大賺一筆。

在我自己的公司裡，就曾有幾名主管想要加速生產，好接更多案子。但我堅守著一個原則，**絕不把生產速度加快到超出公司的能力範圍之外。**有人把鈔票送到你眼前是不小的誘惑，但是就長期發展來看，加速生產卻不是個好策略。

七、歡迎新構想，即便是來自意想不到的提供者

構想是創新的動力。**假如你自認無所不知，就不可能成為一個創新者。**你需要傾聽別人的想法，要真的聽進去。所以不妨讓員工有討論構想的公開平台，谷歌剛起步時便替這個原則建

立了絕佳範本：公司每星期開放一天讓員工做自己的案子。這種做法不僅能培養獨立思考和創意，也使員工產生創新的動力。根據谷歌的說法，有五十%的好點子，包括Gmail，都是由此而來，遺憾的是谷歌後來中止了這個方案③。不過，其他創新型的公司受到這個點子的啟發，也各自創辦了類似計畫，例如商務社群網站Lindedin的「孵化器」（InCubator，又稱「自由研發工時」），容許工程師挪用一部分工作時間去研發自己原創的產品構想；還有蘋果的「藍天計畫」（Blue Sky），讓部分員工可以挪用數週的工作時間去做自己的案子。

八、堅守良好的價值觀

當我們說到企業「文化」時，實際上講的是公司的價值觀。**你的價值觀就是一切**，它們是你公司的重心。

一家受價值觀驅策的公司是不會偷工減料的，並且會以誠信可靠的態度對待客戶、競爭對手和員工。它在社區是一個有責任感的合作夥伴，而且以人為中心，不要光想著賺錢。

創新，對美國精神是如此根本且至關重要，也可能是讓美國強盛最重要的方針。「你知道我最愛的再生燃料是什麼嗎？」專欄作家湯瑪斯．佛里曼問。「一個適宜創新研發的生態環境。」這話說得真是對極了。

(1)行動監測公司的任務是提供高度精確、創新與成本較低的客觀監測方式，以助專業人員完成研究及臨床數據蒐集、分析與目標管理。行動監測公司的宗旨是供應最精確且具科學實證的活動與睡眠監測硬體和軟體，為先進研究、製藥、醫療、保健等機構解決難題，進而改善全球民眾健康。行動監測公司致力於創新、精準，及提供客戶一流的服務。

(2)然科環保技術公司在中國是追求增進能效、降低成本、展現環境管理能力的製造商們最主要的供應者。它是中國第一家具有能效工程案承接資格的公司，並透過中美合作的建立，推廣研究、教育、產品認證、技術發展，最重要的是積極展開增進能效、降低成本、和減少汙染排放的正面行動。然科可提供來自西方國家供應商的能效科技與設備，並安排取得中國認證。由於中國政府有意大力推動環境品質改善，因此對西方國家供應商來說，這會是一個龐大的市場，而然科能夠透過它的採購及認證方案，加快「先行者」的進展。

(3)參見〈谷歌拿回它給員工的二十%自由研發時間，而其他公司則設法將員工的編制外計畫納為己用〉（Google Took its 20% Back, But Other Companies are Making Employee Side projects Working for Them）一文，蘇希瑪．薩伯拉曼妮恩（Sushma Subramanian）撰稿。作者提到，「這種思維已不再僅限科技公司。MTV最近調查Y世代的工作習慣時發現，有七十八%的人相信，有個可能發展出另一不同職涯的編制外計畫很重要。如今大眾也發現從投資銀行到廣告公司等各類型企業，願意公然容忍在編制外創業的員工。」

Chapter 7

企業家的創業精神。

我的女兒徐怡和徐潔很早就對創業產生濃厚的興趣。徐潔在上小學五年級那年製作了一部紀錄影片，片名為《機會之地》（Land of Opportunity），講述我從台灣移民到美國，成為一名成功企業家的經歷。毫無疑問地，我這個父親以她為傲。

她們從大學畢業後不久，便決定自行創業。我沒有試圖勸阻。我認為她們立志成為創業者的決定，是她們，也是我，此生做過最棒的事。創業固然是件冒險的事，但我相信，也這麼告訴她們：「若沒親自嘗試過，永遠不會知道自己的能耐。」就如我當時所說的，雖然水很冰冷，還有寒風吹打，但**鼓起勇氣脫離你的舒適環境**，跳入水裡是件好事。她們所做的正是如此，她們有好點子，也渴望讓它實現。

上課一條蟲，下課打電玩

孩子們創業的故事得從電動玩具說起。

我的兒女都很愛打電動玩具，事實上，我兒子徐強目前從事的正是遊戲程式設計。在他們小時候，我們家對電玩的限制很嚴，從星期一到星期四都不准看電視或打電玩，星期天得上中文課。因此週五放學後到週六晚上算是一個空檔，每到這時候，他們就瘋狂地大打電玩。

二〇〇七年，徐怡和徐潔打算開發一項產品時，兩人回想起自己當年多麼沉迷電動玩具，並看出一個將這種迷戀與學習結合的辦法。

當時，她們留意到華盛頓特區的公立學校有些數據，令人感到十分憂心。整體來說，這些學校在標準測驗、畢業率和其他重要評量上都表現不佳，不過那些數據僅透露部分訊息。報告顯示，學生在二年級時的表現跟全國平均成績不相上下，但接著情況有了轉變。到四年級時，學生的程度落後全國平均兩年，到了八年級更是落後了四年，這種持續下滑的情況越演越烈。徐怡與徐潔假定一個原因，可能是學生到了三年級就變得漫不經心。

孩子們的周遭都是科技產品，自然會深受吸引。但是一到了學校，老師卻要求孩子們將這些東西擱到一邊，面對黑板。這些孩子們對上課興趣缺缺，尤其是上數學之類的科目。因此我的兩個女兒創業的切入點，就是為三年級學生創造一套好玩又能幫他們打下數學基礎的電腦互動遊戲。

她們將自己新創的公司命名為千里眼科技公司（Clairvoyant Technologies）。徐怡和徐潔從遊戲設計高手的兄弟那裡，獲得了寶貴的協助，之後便拿著她們的構想，去參加地方上某個營運計畫的競賽，贏到一些可用於開發原型的資金。

她們設法找了一組實習生做好原型，然後邀集華盛頓特區的兩所學校進行測試。其中一所位於生活水準較高的喬治城地區，另一所則位於特區東南部較貧困的地區。能在學生家長社經背景相異的班級，測試這個計畫的構想，令她們興致勃勃。

最後這個實驗並沒有得到她們所預期的結果，問題不是出在社經地位。最大的問題出在科技；這兩所學校都無法提供設備，讓所有的學生在課堂上同時上網。

徐怡和徐潔的產品比她們的時代先進了五年左右，少了教室裡能供給所有學生同時上網的電腦設備，她們的構想跟產品就不可能成功。

從小培養冒險精神

表面上看來，結果令人失望，但是徐怡和徐潔將它當成一個寶貴的學習經驗。她們也發現，雖然產品的效果很好，需求也很大，但是她們在規劃之初忽略了全盤考量到產品在市場上的適用性。在商業實務中，**當你開發出一項產品，你得按市場的實際狀況去調整它**，不過要在龐大又有點混亂的教育系統做到這點很困難。不同的學校有不同的利益相關者和不同的決策者，其中還會牽涉到策略考量。

對於女兒們決定冒險，而且做的是有創意又對社會有益的事，我引以為傲。特別一提，令我自豪的是，她們富於開創的精神，並沒有被這次的經驗嚇到不敢再創業。

我希望培養我的孩子具備這種精神，即便當時他們年紀還小。打從他們小時候，我就經常鼓勵他們在不同地點擺攤賣檸檬水，我相信這樣做能訓練他們的技能，培養他們具備成為出色創業者所需要的的勇氣。更重要的是從賣檸檬水的過程中所遇到的問題，例如檸檬水怎麼調才好喝，在哪裡賣才賣得多等，能讓年幼的孩子很快了解到在商場成功的重要因素，包括產品、製程、智慧產權、品管、客戶等。

徐怡十二歲大的時候想要參加太空總署的太空訓練營，需要繳四百美元的費用。靠擺攤賣檸檬水籌錢已嫌太遲，因此我建議她不妨編排兩張說明紙板，到四個工程學術組織去募款。她在紙板上說明她的動機，指出這些機構只要各投資區區五十美元，便能協助培訓一名未來的工程師。她做得很棒，也獲得了回應，籌到了兩百美元。我這個自豪的爸爸則補足差額，讓她去參加太空訓練營。

現在有很多年輕人提出質疑，認為在我那一代可獲得的機會已經不存在了；**我從年輕人身上最常感受到的情緒之一，就是擔憂機會已經被用光了**。他們雖然看到過去幾代的移民在美國成就事業，卻擔心讓前人通往成功的那扇大門，正慢慢在年輕一輩的奮鬥者面前閉上。其實，我決定寫這本書的主要原因之一，就是想讓年輕人明白，當前的環境對創業者和中小企業創辦者來說，可能比過去更有利。

到處都聽得到許多個體戶創業成功的故事。這些人雖然沒有特殊資源，但他們都有創新的構想，加上憑藉著堅定的毅力、苦幹及創造力，成了美國的新標竿。這些較近期的例子，應該能夠啟發那些懷疑美國夢是否仍然存在的年輕人們。從每一個實例，都可看到創業者如何白手起家、在美國經濟中占有一席之地。他們發現一個需求和機會，然後將夢想付諸實現。

移民就是一種創業之舉

為了追求更好的生活來到美國，所有的移民都會自問：「我該如何在這個新家園開創新局？」移民成功的故事不勝枚舉，我的經歷便是其中之一。不過，賺大錢並非驅使移民們力爭上游的動機，這個事實令我印象深刻。大多數人的抱負明顯比賺大錢來得務實，那就是給自己和家人富足安穩的生活、攢到足以讓日子過得舒適的錢、送兒女上大學，這些就是中產階級的夢想。

為什麼移民具備成就事業的能力？關鍵之一或許就如麻省理工學院創業中心（MIT

Entrepreneurship Center）創辦人愛德華・羅伯茲（Edward Roberts）所說的：「**移民到別的國家就是一種創業之舉**。」

移民投身其中且有所成就的領域，可能要屬科技界的知名度最高。前面我提過谷歌的布林，而另一位和布林同樣有著移民身分的創新者則是雅虎的創始人楊致遠。楊致遠在父親過世後，跟著母親和弟弟從台灣移民美國，當時年僅十歲的他，只認得一個英文字「shoe」（鞋子）。然而他曾任學校老師的母親一直敦促他用功上進，不到三年，楊致遠的英文便相當流利，並以全班第一名的成績從高中畢業。

楊致遠在史丹佛大學研讀工程時有了創立雅虎的構想。一開始這個網站取名為「傑利與大衛的全球資訊網指南」（Jerry & David's Guide to the World Wide Web），後來楊致遠和創業夥伴為它另起一個縮寫名稱「Yahoo!」，是「Yet Another Hierarchical Officious Oracle」（另一套多管閒事的層級式資料庫）的縮寫。雅虎在一夕之間造成轟動，楊致遠也成了全美最有錢的人之一，但他的成就並非僅憑一己之力。「置身在矽谷，我們擁有的就是管道，可以找到指導者、投資的金主、律師和有才華的員工。」他如此告訴採訪人許譚美（Tammy Hui），「**甘冒風險通常就像榮譽勳章般，是決定成功或失敗的要素**。在這樣的環境成長，聽到蘋果、惠普、英特爾和思科等其他開創型公司的故事，給予我勇氣，讓我走上創業之路，並致力於創新及追隨我熱愛的事物。」

二〇一三年，楊致遠離開雅虎計畫自立門戶，以投資者的身分為創業者提供資金和建議，他渴望繼續開創事業。楊致遠就如典型的華裔移民，他表示唯一的遺憾是在校時不夠用功（儘管他已經很用功了），年少時對母親的關心也不夠多。

在美國學到新觀念與調適力

另一個特別鼓舞人心的移民成功實例，則是來自印度的盧英德（Indra Nooyi），她目前是食品飲料大廠百事公司的執行長。盧英德描述在印度的成長歲月時提到，她母親堅持她和兄弟姊妹，每天晚上都要以自己的志願為題進行演講比賽，贏的人可以吃到一塊巧克力。盧英德把造就她成功的動力和道德力量，歸功於在印度時受到的薰陶，不過她認為她之所以能達到成功的頂峰，是拜美國之賜。她在工作時奉為圭臬的原則中，有許多是來自童年時期學到的價值觀，以及在美國學到的企業新觀念與調適力。美國會**全心接納為社區與經濟做出重大貢獻的新公民**，盧英德便是一個明證。

弗利斯．皮考克（Foulis Peacock）這位移民企業家自創了一個字「immpreneur」（移民創業者），用以形容來到美國的一些移民；通常他們手頭的錢或資源並不多，卻能打造出一番事業，生意興隆。皮考克為新投入創業的移民設立了一個網站，告訴他們如何開辦或擴展既有的事業、如何將「外來性」當成優勢加以利用、如何開始創業、如何籌募資金、如何販售和行銷產品或服務，以及如何掌握美國職場文化①。

二十年前，原在倫敦出版業任職的皮考克移民到美國，先是成為《富比士》雜誌的廣告代理商，後來自己成立一家媒體代理公司。二〇〇九年，他創設「移民創業者」網站，協助移民創業者。

皮考克知曉不少故事，都是關於移民如何利用自己的「外來優勢」，看出市場何處存在著他們能夠填補的缺口。其中一個絕佳例子是在印度德里土生土長的羅希．艾若拉（Rohit Arora）。他在二〇〇二年來到美國，在哥倫比亞大學商學院攻讀企管碩士，畢業沒多久，進入管理顧問公司德勤諮詢（Deloitte Consulting）工作。艾若拉為了一個案子，調查對銀行利潤貢獻度最高的投資組合時，發現一個令人驚奇的現象：在有關貸款、信用額度以及支票帳戶之類的產品之中，中小企業是為銀行帶來最多利潤的客戶。當他深入調查，更發現移民創立的新公司是全國中小企業當中成長最快的一類。艾若拉也發現，向銀行申請貸款的移民創業者並不多；大體上，僅有少數銀行有針對這類小型企業的貸款政策。他對此感到好奇，於是開始研究，究竟是什麼因素阻礙了中小企業主與銀行合作。

他發現很多移民創業者避免跟銀行打交道，是因為他們搞不懂這套系統如何運作（就我個人早期的創業經驗，我能夠理解這點）。銀行業者則認為這類企業太燒錢、太麻煩、太沒效率，而且他們往往不瞭解許多小規模、家庭經營的移民企業得面對的現金流量問題。因此艾若拉在二〇〇七年跟他的弟弟雷米（Ramit）創辦了自己的公司，名為Biz2Credit，幫助創業者順利填寫銀行要求的所有表格和資料，而且只需透過他們的平台，便能取得與銀行聯繫的管道②。

Biz2Credit也協助中小企業選擇最適合的銀行貸款，「我們成了他們的虛擬財務長，」艾若拉說。此外，企業主能很快得知申請結果，毋需耗費相當冗長的時間苦等銀行回覆。他們的網路平台開辦沒多久後，這對兄弟檔又增加了管理支援服務；透過這項每月付費的服務，創業者只要上網或去電就可以取得協助。如今Biz2Credit已成為一家市值一千四百萬美元的企業——這正是移民因幫助移民而成就事業的故事。

點子來自最想不到的地方

點子無處不在，有時它們來自最想不到的地方。匈牙利人湯姆．薩奇（Tom Szaky）當年以普林斯頓大學新鮮人的身分來到美國，大學時期，他便想出一個新穎的生意點子：以蚯蚓的糞便製造高品質的肥料，再利用回收的塑膠瓶包裝。這個點子最後轉變成一個更棒的構想：讓無法回收的所有形式廢品重生，加工製成新商品，例如利用脆餅包裝袋做成風箏，到利用果汁袋做成背包等。

十年後，薩奇掌管一家市值一千三百萬美元的公司，旗下有七十五個員工，在八個國家設有垃圾收集與回收站。說到在美國創業，他表示：「美國的文化是建立在鼓勵創業的思維上，和其他很多國家的態度完全不同。通常，如果你出身有錢人家，你就會一直是有錢人；如果你很窮，你就永遠無法翻身。在德國或法國之類的國家，人們世居那地方好幾百年，造就出一個社會階級固定、階級流動受限的社會。但美國文化是鼓勵力爭上游，重視個人成就。畢竟，這個國家是靠移民開拓者努力奮鬥建立起來的。美國夢是什麼？就是一個人能夠一無所有的來到此地，最後卻成了百萬富翁，而且通常是藉由創業達成夢想。」

另一個激勵人心的故事是裘巴尼優格公司（Chobani Yogurt），它在二〇一三年獲得安永全球企業家獎（Ernst and Young World Entrepreneur Award），創辦人翰迪．烏魯卡亞（Hamdi Ulukaya）正是帶著自己的知識和熱情離開家鄉，移民到美國，將它們轉化為絕佳助力的實例。身為土耳其牧羊場主之子的他，於一九九七年來到美國，進入紐約州立大學阿爾巴尼分校（University of Albany）就讀。有一次，烏魯卡亞的父親從土耳其來美國探望兒子，抱怨在當地買不到優質的天然乳製品。父親的話讓他靈機一動，他發現在他居住的這個新國家，希臘天然優格是個尚未開發的市場。於是烏魯卡亞在他的兄弟協助下，投入兩年時間研發出完美優格的製作方法。二〇〇五年，他接收卡夫（Kraft）食品公司在紐約州中部關閉的一家工廠，開始生產優格。

這是個一夕成功的故事，證明**只要你找到利基，滿足需求，顧客就會上門**。經過短短八年，裘巴尼公司如今已是一個市值十億美元、在全球各地擁有超過三千名員工的成功企業範例。烏魯卡亞將他的成就歸功於美國所提供的機會。

二十七歲的夏瑪．卡巴妮（Shama Kabani）是禪行銷集團（Marketing Zen Group）的創辦人兼執行長；她跟我的兩個女兒很類似，也是受到父母身教的薰陶而自行創業。卡巴妮九歲時隨家人從印度移民美國；父親以開計程車為業，母親則經營一家 Subway 潛艇堡連鎖加盟店。「我目睹他們辛勤工作，而且還加倍拚命，努力去適應一個新的國家，」卡巴妮說。她很早就對創業產生濃厚興趣，年僅十歲時就自己做起生意，販賣禮品包裝紙。二〇〇八年，卡巴妮拿到德州大學奧斯汀分校（University of Texas at Austin）的組織溝通碩士學位，論文主題是推特與社群媒體所造成的衝擊。

她想從事她熱愛的社群媒體業，卻找不到相關工作，乾脆自己創辦一家公司，也就是禪行銷集團，提供網路行銷和數位公關的全方位服務。憑藉著衝勁、苦幹及才華，卡巴妮將她的公司打造成一個市值一百萬美元的企業。在慶祝事業成功的同一年，她也歸化為美國公民。「**如果你熱愛一件事，不妨著手自行創業。**」她說。就是這樣一個簡單明瞭的寶貴建議，為這位年輕移民帶來豐碩的成果。

找出打動族群的方法

還有一種情況也很常見，那就是移民第二代挺身接掌父母創辦的事業。茱莉．史莫顏斯基（Julie Smolyansky）的父親麥可（Michael）是蘇俄移民，在一九八六年創立了萊福威食品公司（Lifeway）。當他因心臟病突發遽逝後，才剛大學畢業的茱莉，不得不接下父親的事業。

茱莉的父親當年移民美國落腳芝加哥時，身上所有財產僅有區區一百美元，不過他看出一個需求：俄國移民族群越來越大，卻沒有滿足他們需求的商家。於是他決定要開一家熟食店，供應家鄉風味的食品。麥可白天以工程師為業，花了兩年時間好不容易才存夠錢，開了一家小店。他的妻子盧米拉（Lumilla）白天忙店裡的工作，好讓麥可繼續當工程師，晚上下班後再由他接手。他們的生意越來越興隆，於是夫妻倆開始去國外參觀美食展，擷取一些新構想。在某次行程中，兩人發現一種飲料，是他們小時候的最喜愛；這種飲料稱為克菲爾（kefir），是一種類似優格的發酵乳，當時在美國幾乎完全找不到。夫妻倆決定在自家地下室製造這種飲料，這就是萊福威食品公司的由來。一開始他們在露天市場販售克菲爾，便吸引了很多人以及幾家大客戶，先是全食有機超市（Whole Foods），接著則是威格曼以及克羅格（Kroeger's）兩家連鎖超市。

若麥可．史莫顏斯基地下有知，應該會對他女兒將公司擴展成市值八千萬美元的企業感到驕傲。她相信成功的要素在於移民自然而然繼承的一套基本價值觀，包括保守。即便生意擴展，她的雙親依舊非常節儉，生活也很簡樸。在茱莉看來，她的父母會成功，是因為他們找到打動自己族群的方法。「相信許多移民也能跟我父親一樣發現類似的情況，」她如此建議，「找出一種在你祖國很受歡迎的特產，將它引進美國。這裡有立即的外來族裔市場，只要你用對方法好好去做，就能讓外來族群以外的人產生興趣。」

眼光拉遠一點，看看全美各地，就會發現無數這類「生產貢獻者」的故事。成功不見得是以公司是否值好幾百萬美元來衡量，也有許多各式各樣欣欣向榮的小生意，規模小的像是農夫市場的攤子、餐車到自助洗衣店、美容院，全都是美國夢的獲益者。

目前已有許多組織③出來推動這股令人驚嘆的趨勢。例如加州柏克萊的新美國社區組織（AnewAmerica Community Corporation），服務對象是全加州的移民創業者。這個組織為創業者規劃一項為期三年的加強計畫，名為「虛擬孵化器」。新美國社區組織採行的模式，是統合創業育成、資產建立及社會責任。創業者與其家人會獲得一套切合其文化及語言需求的全方位服務，為期三年。新美國社區組織同時也參與了我先前提過正蓬勃興起的微型企業趨勢。

有志者事竟成

環顧周遭，我不禁想問，這世上最傑出的創業者們有什麼共通之處？我注意到的一點是他們都同樣滿懷熱情、全心投入，就如我在徐怡和徐潔身上看到的。

創業者都擁有無比的信心和強烈的自信，他們在學校時不見得是最優秀、最聰穎的學生，至少我肯定不是；但是在成長歲月的過程中，**他們打從心底知道只要他們肯動手去做，什麼事都難不倒他們。他們相信自己**。

創業者是有遠見的。即便點線面之間的關係還沒有連起來，依舊勇往直前，因為他們相信稍後就會理清頭緒。二〇一一年過世的史蒂夫．賈伯斯是一位卓越的創業家和蘋果的創辦人。二〇〇五年，他在史丹佛大學畢業典禮上致詞，提到點點滴滴的串連，這場演講令人終生難忘。回顧他的一生，他曾做出一些不符傳統的抉擇，包括上大學沒多久便決定輟學。他告訴畢業生們：「你沒辦法預見這些點點滴滴之間如何相互串連，唯有在回過頭來看，才能看出它們之間的關連。因此你必須相信這些點點滴滴將會在你的未來相互串連。**你必須堅持信念——也許是你的直覺、機運、人生或是因果**。這個法子從未讓我失望過，也讓我的人生大大不一樣。」

創業者是勇敢的。就如我問徐潔時，她所回答的：「創業家需要有魄力。你必須踏進不熟悉的狀況中，賭上一切。你必須經得起打擊並且告訴自己，『反正別人最多不過是拒絕罷了，所以我何不開口問問？』」

創業者是熱情的。我們常聽到如比爾．蓋茲和謝爾蓋．布林等幾位最成功的創業者如何成為鉅富，其實大多數的創業家並不在超級富豪之列，而且他們創業的動機似乎是出於熱情，而非財富。**如果你為了發大財去做一件事，不見得能成功；如果你是發自內心去做這件事，通常成功會隨之而來**。

在美國，有二十一%的高資產人士是因創業而致富，其他許多國家也有相同的現象。但是這些人的動機不光是為了賺錢。

面對壓力，超越逆境

心理學家艾德里安．弗海姆（Adrian Furnham）在刊載於《今日心理學》（Psychology Today）雜誌的文章中提出一個問題，為何客居異國的人似乎比較有創業的天分？他設想答案或許出在移民者的類型。他表示，根據多項針對選擇移居的人所做的研究顯示，他們「和非移民者不同的是前者想要不一樣。移民者在動機、才能和調適力等方面顯示出不同的模式。**他們**

的飢渴更大、更敢冒險、更堅強。客居異國的生活並不容易，有語言、財務和法律上等諸多障礙需要克服。你得要有毅力才能夠繼續待下去。歷經艱辛、排擠和挫折，使得你堅強起來。這些生活上常遇見的狀況，是所有創業者都得習慣的。」

弗海姆也強調外在的因素，例如移民社群穩固的人際網絡。不過**最重要的因素似乎是內在的，即性格、價值觀和動機**。他觀察到「通常，在本地出生長大的成功創業者會覺得自己在某方面格格不入。如果你來自少數宗教群體；生在一個跟別人完全不一樣的家庭；外表看起來跟別人不一樣；或是屬於某一類的身心障礙者，你可能會感覺雖置身在自己的國家，卻猶如一個外人。這可能跟許多異鄉客所感受到的刺激類似……也是幾乎每一個創業者所經歷的一部分。」

黎巴嫩裔的美國作家和學者納西姆．塔雷伯（Nassim Taleb）推測，生於黎巴嫩的移民會如此成功，是因為他們有這樣的思維：「設想在一個自然環境裡，任何自然、有機、有生命的生物，在一定程度上，對壓力源的反應好過沒有壓力源的……一點點逆境的結果是，在各方面的表現都要更好一點。」這個概念很簡單，但極為可信。移民生活不易，他們所面對的壓力是與眾不同的，這些壓力讓他們變得更堅強。

一項又一項的研究顯示，移民對於走上創業一途的接受度向來很高。每回碰到這種情況，又是以美國移民的表現最突出。根據全球創業觀察（Global Entrepreneurship Monitor）的報告，來到美國的第一代移民，自行創業的可能性比非移民者高二十七%；而這些移民當中，有約六十三%的收入在全美排行前三分之一，而非移民創業者當中則有五十%。報告裡還提到另一個耐人尋味的因素，那就是移民較容易看出機會所在，也比較不怕失敗。據我個人的經驗，我想這大部分應歸因於移民的特殊心態。你來到一個新國家，為自己和家人追求更美好的未來，但是你得克服包括語言不通、文化差異，以及難以融入當地人的圈子等諸多障礙，這些挑戰使你變堅強，也比較勇於冒險。你會說：「**我有什麼好損失的？還不如放手一搏！**」

二〇一三年蓋洛普全球民意調查證實了部分關於移民的假設，尤其若他們是住在像美國這類經濟繁榮的國家。蓋洛普的調查發現，比起當地人，移民較可能具有三項特質，這些也剛好是創業者跟其他人相異之處：**即便諸事不順，他們依然保持樂觀，從不放棄，勇於冒險。**

創業精神因想像力而生

在歐巴馬總統任內初期擔任中小企業管理局局長的凱倫·戈登·米爾斯（Karen Gordon

Mills），曾撰文提及移民的影響提振了美國中小企業主的創業精神。「移民在創業方面所占的比例相當突出，」她提到。「根據新美國經濟夥伴組織的一項研究，有意在美國自行創業的移民是非移民者的兩倍以上；在二〇一一年，所有新創企業中就有二十八％是移民創辦的，但是移民僅占全美人口的十三％。這些企業為我們的經濟注入活力與國際觀。移民的企業對外出口並打開全球各地的市場，新移民則為我們的社會帶來多元及新想法。過去五十年來，定居美國的諾貝爾獎得主中，有將近二十六％是在外國出生。移民也強化我們的社區，為創造就業機會貢獻一份力量，並在重要產業內促進研發創新。根據新美國經濟夥伴組織的研究，高端技能領域裡每增加一百個外國出生並擁有美國大學碩士以上學位的工作者，便可望為美國增加兩百六十二個就業機會。」

我在這裡講的是一個充滿機會的景象，不過我們也須面對事實。想定居美國的創業新秀並非全都能夠如願。有兩個創業家便是基於這個現實，創辦了一個極為有創意的企業。一位是來自波士尼亞塞拉耶佛的移民達里奧．穆塔濟亞（Dario Mutabdzija），另一位則是古巴移民之子馬克斯．馬蒂（Max Marty）；他們倆著手找出一個辦法，讓有志創業的移民們在設法取得簽證的同時，依然能從事創業。這兩人創辦的藍海種子（Blueseed），其構想是打造一艘大船，停泊在矽谷附近的公海上，提供來自世界各地的創業者住宿和工作。這個海上創業育成中心預定二〇一四年開始營運，透過船上的高速網路服務和往來矽谷的渡船，創業者們可望與矽谷做生意，並從美國提供的機會中獲益。目前已有來自七十個國家與五百家新創企業的一千五百多位創業者申請。

從事自己想要進行的探險

多年來，我對創業者的定義變得更廣。理論上，我早已從創業，進展到建構中型企業，我體認到真正的重點在創業精神。**你可以是全國最大的公司，但依然保有創業精神，創業精神無所不在。**我贊同創業教育協會提出來的一個想法，那就是終身學習以及歡迎新構想與機會，能讓我們保有讓自己成長壯大的心態。我已從業三十餘年了，但我的創業精神依然不減當年，我會為我旗下的企業思考新的業務方向，彷彿它們還是迷你的新創公司。

我的女兒徐怡如此形容創業精神：「你挑選出自己想要從事的探險。」徐怡和徐潔兩人都有創業精神，而且越來越強烈。即便歷經多次起起落落，這種精神仍在。例如，徐潔目前將自行創業的事暫時擱置，去一家公司當產品經理。看看她選的公司——一家蓬勃發展、名為康健網絡（GetWellNetwork）的新創公司，專門開發革新性科技產品，讓醫院的病患可以獲得更好、更個人化、更具教育性的就醫經驗。創業精神，是這家公司基本的工作要求。

徐怡則剛創辦了一家名為通明醫療服務（Luminate Health）的科技公司，提供病患一個簡易的管道，得以取得、運用及看懂檢驗報告。有了創投資金的支援，通明醫療服務公司目前正與它的第一批檢驗室客戶密切合作。

我的兩個女兒，創業方向會從起初的教育方面，轉變到如今的醫療保健領域，並非偶然，這些選擇透露了她們的價值觀。徐怡曾對我說，美琪和我從他們幾個孩子小時候就教育他們重視為人處事的正道。「你們經常提醒我們要互相關懷，盡力幫助他人的重要，」她說。「也讓我們體認到，對別人伸出援手，可能會就此改變他們的一生。」

還有一點：她們所受到的教養也教她們勇於編織夢想。**年輕的時候，沒有多少錢，就必須善用自己的想像力**。她們並沒有沉迷於那些最新穎的昂貴玩意，而是去創造帶她們進入無窮無盡有趣探險的天地。創業精神因她們的想像力而生，而且她們知道，只要她們想像得到，就有辦法成真。

(1) 弗利斯．皮考克的網站 www.immpreneur.com 對移民創業者發出邀請：「移民創業者網站是為身為移民（immigrant）的創業者（entrepreneurs），或稱「Immpreneurs」，所設立的。宗旨是為有意在美國創辦（或發展現有的）企業的移民創業者提供能有所啟發和幫助的內容。」在這個網站可看到不少移民的成功事蹟，講述大多僅有少許積蓄的他們在來到美國後，如何打造出興旺的事業和成功的人生。這些事蹟著重在如何將「外來性」當成優勢妥善運用、如何創辦公司、如何籌募資金、如何販賣和行銷產品或服務、以及如何掌握美國職場文化。對許多移民來說，加盟是邁向在美國自行創業的第一步，而這個網站也有一個關於加盟進修的專頁，介紹可能的加盟機會、尋求加盟時應找符合哪些條件的母公司、應避免的陷阱、以及打造一家成功的加盟企業所需的條件。網站中的資源與工具網頁，能協助移民聯繫來自他們家鄉的其他移民創業者、獲得經營建議與資金、及在美國各地選擇最適合經營公司的地點。網頁列出的機構都可提供良好的建議，而且當中的許多機構也願免費提供服務。

(2) Biz2Credit 是一個中小企業線上平台，能讓客戶在安全且價格透明的環境下，根據創業者與放款者的基本資料與偏好，為雙方媒合。

(3) 新美國社區組織網站 www.anewamerica.org，目前有六百九十六個微型企業發展組織遍布全美，支援廿二萬一千個企業總計九千萬美元左右。另一個重要的非營利小額貸款機構為 Accion USA，自一九九一年創立後，已提供超過一萬九千筆微型貸款，總計一億一千九百萬美元以上。

Chapter 8

多元組合的快樂天堂。

多年來，許多造訪過艾格林空軍基地的人，都曾路過基地東門旁的喬的西服店（Jo's Tailor Shop）。喬是菲律賓移民，在一九六六年開了這家店，如今已近九十高齡的她仍親自經營這家店。她的故事存在於美國的各個角落，展現的是移民堅定的毅力和強烈的工作倫理，深深觸動人心。喬的背景以及她後來為艾格林空軍基地工作的經過相當感人，她的經歷展現的是無畏的勇氣；史考特．傑克森（Scott T. Jackson）特別提筆在《佛羅里達西北部商業雜誌》（Business Magazine of NW Florida）中敘述這段故事。

二次大戰期間，喬一家人冒著生命危險，援助在巴丹死亡行軍（Bataan death march）倖存的美國戰俘。巴丹死亡行軍事件發生在一九四二年，當時菲律賓巴丹半島的美國守軍與日軍激戰數月後投降。日軍押解近八萬的美軍戰俘步行到一百公里外的戰俘營，沿途不供應水和食物，當時因為飢渴死亡或被日軍殺害者高達四萬人，非常慘烈。喬的父親泰奧多羅（Teodoro）在戰俘營附近經營一家餐館；他號召家人幫助戰俘，並清楚說明若有人被抓到，將難逃被日軍嚴刑拷打和殺害的命運，所有菲律賓人都明白這得冒多大的風險。喬一家人就曾看過「通敵者」被施以水刑後被殘暴地殺害，也曾目睹日軍在槍殺那些人之前強迫他們挖好自己的墳。

當時十八歲的喬和她六歲的弟弟泰迪（Teddy）仍在父親的鼓勵下，建立起一套固定模式。姊弟倆會到戰俘營外，由年輕貌美的喬負責引誘站崗的衛兵，泰迪則趁他們分心時從鐵絲網底下鑽進去，將裝在袋子裡的食物、衣服及治療瘧疾與腳氣病的藥物遞送給戰俘。他們的勇氣無疑拯救了許多人的性命。戰後，喬嫁給她幫助過的一名營內戰俘，搬來美國，歸化為公民。當她的丈夫被派駐到艾格林空軍基地，夫妻倆便在奈斯維爾（Niceville，離華頓灘堡約幾英里的城鎮）定居下來。

喬在艾格林基地的西服店裁製制服好幾年，直到一九六六年自己開店。口碑相傳讓她生意興隆，而她幫助戰俘的義行也從沒被遺忘。一九八四年，她的弟弟泰迪無法順利取得美國的永久居留證，當時一群前戰俘營老兵挺身而出，向雷根總統請願，希望總統能特別通融這位曾在兒時幫助他們生還的人。

多元的身分認同

喬的故事對住在我們那一帶的人是一個啟發，她是幫助創造美國繁榮多樣經濟的「生產貢獻者」之一，她的人生經歷也凸顯出我們這個國家奇妙的多元性——來自世界各個角落的人都能成為美國夢的一分子。我偏愛的另一個例子則是曾任佛羅里達州州長的傑布·布希（Jeb Bush），還有他的父親美國第四十一任總統老布希和他的哥哥美國第四十三任總統小布希一家人。

我向來十分仰慕傑布．布希。他在一九九九年至二〇〇七年期間擔任佛州州長一職，任內推動經濟發展不遺餘力，做法踏實，很有吸引力，而且待人非常親切有風度。他在佛州各地巡視時，我見過他幾次，他還在二〇〇六年指派我擔任翡翠海岸永續發展委員會（Committee for a Sustainable Emerald Coast）委員。此外，或許因為他的太太就是移民，傑布．布希在移民和文化多元性相關議題上的態度令人信賴，他顯得比大多數土生土長的美國人更瞭解移民們多元的身分認同。

事實上，傑布．布希的故事相當引人入勝。一九七〇年，當時高中十二年級生的他參加一項交換學生計畫，前往墨西哥的萊昂城（Leon），在那裡邂逅了跟他同年級的珂倫芭．嘉妮卡．德．高盧（Columba Garnica de Gallo）。雖然傑布當時還是個少年，但他認定這是一見鍾情。一年後，珂倫芭為了唸大學搬到南加州，傑布則進入德州大學主修拉丁美洲研究。兩人談了四年的遠距離戀愛後，在一九七四年結為連理。

傑布．布希與克林．波利克（Clint Bolick）合寫過一本書，書名《移民戰爭：制訂美國解決之道》（Immigration Wars: Forging an American Soluition），他在書中回顧這段個人經歷時寫著道：「多虧了我太太，我懂得兩種文化和兩種語言，因此讓我的人生變得更美好。從她身上我才瞭解移民的感受，也越來越欣賞她渴望學好英語，接納美國價值觀，同時保有著對墨西哥傳統文化的熱愛。」

珂倫芭．布希於一九七九年成為美國公民；那場歸化儀式對傑布而言深具意義。「這是一個本質上很美國的經驗。」他寫道。「看著來自不同國家、不同背景的人，齊聚此地，向我們偉大的國家宣示效忠，大部分人眼眶裡含著淚水，所有的人都一心嚮往著比他們過去更美好的生活。」

傑布．布希夫婦也灌輸子女典型的美國價值觀，尤其是為民服務的義務與權利。他們的兒子喬治．普瑞斯考．布希（George Prescott Bush）依循家族傳統，目前正在競選德州土地署長，並在競選活動中強調自己是具拉美血統、深諳西班牙語的青年候選人。

由於傑布．布希的個人經驗，使得他毫無保留地為移民發聲，呼籲大家應該給予移民更多的機會，並試圖扭轉至今仍存在的負面刻板印象。九一一事件後，人們對外來者的疑懼升高，反移民者的看法隨之得勢。有人認為美國必須設法控制持續增加的非法居留人數，即便在移民支持者中也不乏做如是想者，這股反移民聲勢因而得到支撐。但是，傑布．布希倡導的是一種基於機會提供，而非基於恐懼的心態。

傑布．布希相信移民對美國的貢獻很大，這點無庸置疑。他也致力於幫助美國人看見這個價值。他建議，做到這點的唯一方法是推動一套需求導向的制度，換句話說，就是要能讓更多高端技能人才和有抱負的創業者前來美國。

永遠用人唯才

有了明確的證據，證實移民對美國經濟與文化貢獻良多，許多人因此開始重視吸引更多高端技能人才前來的需求。軟體企業家吉姆・曼茲（Jim Manzi）在《國家事務》（National Affairs）雜誌中撰文指出，明智的做法是把外國人移入當成一種招募新人才的方式，並「廣設招聘處，網羅世界各地最好的潛在人才，無論他們是在墨西哥市、北京、赫爾辛基，還是加爾各答。多年來，澳洲和加拿大已讓我們看清楚，以引進技術人才為基礎的移民政策是可行的。我們應該將他們的範例加以改進，藉由測驗和其他方法，來施行人力資本密集型企業為長期發展所稟持的基本方針——永遠用人唯才。假設每年能有五十萬名聰明、有抱負、又想成為美國公民的人遷來這裡，對美國整體來說，極有助益。」

同樣希望引進更多高端技能人才的有識者之一是愛德華・羅勃茲，他是麻省理工史隆管理學院的大衛沙諾夫（David Sarnoff）管理與技術學者教授，也是馬丁信託創業中心（Martin Trust Center）的創辦人和理事長。羅勃茲表示：「根據麻省理工學院五十年來創業者的資料，以及針對工程人才方面的諸多研究都顯示，我們有極高比例的新科技人才，以及更高比例的高科技產業創業者，都是在外國出生的。提供他們永久居留美國的簡易管道，等於供給比任何經濟政策更能促進就業與經濟成長的提振劑。參與我們創業計畫的外國研究生告訴我，他們打從一開始就難以順利取得簽證，因此感受到的是美國似乎不歡迎他們的負面訊息。假如他們沒找到保證人，在美居留時間就很難超出學生簽證的效期。若他們想在這裡創業，遭遇到的重要問題就是需要搞懂與美國的規範相關的各種規則、法律和策略。」羅勃茲相信，只要我們願意去做，就能想出許多辦法來減少這些阻礙。

密蘇里州的考夫曼基金會（Ewing Marion Kauffman Foundation）所做的一份研究報告，略述幾項實用的建議，可讓有才華的外國學生在美國創辦能創造工作機會的企業。其中包括讓大學生或研究生以雇員或業主的身分，積極參與「合格學生創業者創業課程」（Qualifying Startup Student Venture）。這個實用的培訓課程，為期十七個月，課程可選修，目前專收高端技能科系的學生。報告建議放寬遴選資格，以網羅積極參與企業經營與進入企業工作的學生參加創業研習，並簡化其申請專業工作人員簽證的過程，培植他們成為新創企業的負責人。藉由減少青年創業者的負擔，讓國家得以獲得寶貴的新血。

線上交友網站 Zoosk 創辦人暨執行長沙雅恩．查德（Shayan Zadeh）是來自伊朗的移民。

就如查德在《華爾街日報》發表的文章所說的：「對選擇當美國人的我而言，美國歡迎困苦之人、飢餓者或受到迫害的『弱勢者』，來到這裡開創更美好生活，這樣的歷史讓我引以為傲。但是有個事實卻令我大惑不解，那就是正處於經濟不景氣的我們，竟將那些身懷技能、只求工作的一大群人拒於門外。」

三屆普立茲新聞獎得主湯瑪斯．佛里曼援引這些看法做為有力的論據。他寫道：「我認為持續讓合法移民移入我們的國家——無論他們是藍領勞工，還是專業技術人士——是讓我們保持領先地位的關鍵。只要將這些活力充沛、積極有抱負的人，跟民主制度與自由市場相結合，就會產生神奇的魔力。如果我們希望保有這個神奇魔力，就需要一個妥善的移民改革方案，以確保我們能夠**以循序漸進的方式，不斷吸引世界各地懷著雄心壯志、具備才智和特長的第一輪選秀會菁英，並將他們留下來。**」

多元人口的優點

好消息是絕大多數美國人樂意促進社區和工作環境裡的多元性。洛克斐勒基金會一項名為「建立兼容並蓄的國家：美國大眾的看法」（Building an All-In Nation: A View from the

American Public）的調查發現，接受民調訪問者中，有六十九％的人贊同「更大、更多元的勞動力，更能促進經濟成長」，以及「多元的工作環境和學校，將有助美國的產業更具創新力與競爭力」。

重點是美國所具備的多元本質，立國時也以移民的權益為念。就如《形塑我們的國家：移民潮如何改變美國與它的政治》（Shaping Our Nation: How Surges of Migration Transformed America and Its Politics）作者麥可．巴倫在書中所說的，開國元老們已將多元的概念建構在美國憲法中。「制訂美國憲法與《權利法案》的這批人都明白，每一州各有不同的宗教和文化背景，」他寫道，「他們決意創造一個強大的聯邦政府，但它的權力必須受到一定的限制，以減少文化衝突，並保留自治的空間。這在憲法制訂上是個革新性的做法，在採行的當時，英國仍要求公職人員必須是英國國教教徒，而所有歐洲國家仍嚴禁猶太人享有公民權利，包括從事公職的權利。」巴倫還提及這些制訂者限制政府與個人權利的準則，「為因應人民的多樣性提供了一個現成、有用的範本。」

二〇一三年夏天，四百二十家企業連同工商協會以及各州與地方商會聯合上書國會，力促眾議院議長約翰．博納（John Boehner）與眾議院少數黨領袖南西．裴洛西（Nancy Pelosi）應儘速通過移民改革法案，因為它是活化工商發展環境的必要之舉。他們說：

來自各種不同意識型態的思想領導者皆同意，此時須布移民改革法案，將能在美國經濟力求復甦的關鍵時刻加速它的成長，並將有助於讓它在未來數十年間持續增長。若處理得宜，改革法案也將可用於保護和補足我們美國的勞動力，進而創造更大的生產力和經濟活動，這將能造就新的研發、產品、企業，並在全美各地創造更多就業機會。

我們一致相信，藉由推動移民制度現代化，我們能夠也必須對我們的經濟和國家做出更多建樹……無法辦到並不在選項之列。我們不能自滿，並眼看著已延續一個世代的移民制度越來越不利於國家的整體利益。為此，我們懇請國會時時以對我們經濟確實有利的事為念，通力合作，與我們共同促成切實、有助成長的移民改革法案。

就連婦女選民聯盟（League of Women Voters）也展開行動，發布研究，強調多元人口的好處，包括員工背景較多元的公司無論規模大小，業務都較興隆；成員背景較多元的陪審團會集體將更多爭議點列入考量；成員背景較多元的團體，會讓一個人獨立思考更多方面的議題，無論團體的考量為何。

從美國立國至今，總是不乏有關移民的負面看法暗潮湧動。我們的時代仍存在著刻板印象，暗指移民坐領社會福利、搶走在地美國人的就業機會、固守在自己族群的小圈圈裡、不在乎是否成為「道地」的美國人。我寫這本書的目的也是希望能夠消除這些誤解。有越來越多的研究數據顯示，實情跟那些偏見剛好相反。

「新移民調查」（New Immigrant Survey）是一項具前瞻暨回溯性的多群組追蹤研究，是由政府機構、獨立的研究組織及大學所組成的團隊，針對來到美國的合法新移民進行持續數年的追蹤調查。它顯示移民，尤其是來自健全家庭者，在教育程度、生產力、就業率和住宅自有率上，其平均表現跟土生土長的美國人不相上下，甚至更好。

移民發跡致富的基本因素

另一項重要的研究出自布希研究所（George W. Bush Institute）。對於移民在打造一個充滿機會的社會所扮演的角色，前總統小布希也跟他弟弟一樣直言不諱。「美國從來不是靠血緣、出身或鄉土關係團結起來的，」他直陳指核心。「是**理想將我們結合在一起，讓我們超越背景差異與個人利益，使我們體悟到身為公民的意義**。這些是每一個孩子都必須學到、每一個公民都必須堅守的原則；而每一個移民經由接納這些理想，使我們的國家更像美國，而非越來越不美國。」布希研究所是前總統小布希夫婦於二〇〇九年創設的，它針對移民趨勢，特別是許多移民在美國發跡致富的基本因素，進行了一項重要研究。

研究結果顯示，**第一個因素是在社會方面**。跟移民危害社會結構穩定的刻板印象大相逕庭的是，布希研究所發現在二〇一一年，有五十八．九%的移民為已婚，相對之下，在地美國人的這個數字是四十六．五%。此外，二〇一一年有六十二．三%的移民家庭為已婚夫妻共同經營，相對地，在地美國家庭的比率是五十七．九%。婚姻狀況是成功與否的重要衡量標準，就如多項經濟研究都發現有力的證據，證實已婚夫妻一般來說比單身者更具工作生產力，並享有較高的生活水準、較高的收入，健康狀況也較佳。

布希研究所提及的**第二個因素是移民在勞動人口中扮演的角色**。就移民在全國人口中的表現來看，他們始終是比普遍認知還更重要的勞動力。所呈現的趨勢很有意思：在二〇〇三年，移民在全美所有居民中僅占十一．七%，但在勞動人口中就占了十四．三%。整個二〇〇〇年代，這兩個比率皆有增長；到了二〇一一年，移民總計占全美人口近十三%，在平民勞動人口中則占十五．九%。在二〇一一年，有將近六十七．一%的十六歲以上移民加入勞動人口，在美國土生土長的公民則僅有六十二．九%。

布希研究院得出的結論是，「大體上，移民渴望就業；這讓他們得以謀生並有助我們的經濟成長。若少了移民的貢獻，過去十年間美國勞動力的成長便會大為減低。過去十年內的新進勞工人數成長有超過一半可歸功於移民。」

布希研究所表示，「外來者移入有個鮮為人知的好處，那就是移民對提升在地美國人的教育程度有正面的影響。」研究所引述珍妮佛．杭特（Jennifer Hunt）的研究顯示，當人口中的外來移民多了，完成高中學業的在地居民也增多。杭特的研究發現，「十一至六十四歲人口中，每增加一個百分點的移民，十一至十七歲在地美國人中完成十二年學校教育者便會增加〇．三個百分點」——如此數量可說不容小覷。

基於我們早先談過的移民強烈的工作道德、創業精神和企圖心，這些數據並不令人意外。它們凸顯出一個重點，那就是我們很慶幸置身於這個多元的社會，而這樣的多元性，有很大一部分是由於有來自他鄉的新人才及向心力加入，進而產生的正面效應。

國家認同的問題

面對移民，美國大眾的內心，始終存在一個疑問，也一再被提出來。這個疑問是：我們的國家是一個集聚來自不同國家、文化與種族的人，並讓他們融入同一國家認同的國度？還是說美國不過像是個文化和種族的大拼盤，不同背景的族群各過各的生活、各說各的語言，但都遵守同一部憲法？

我相信答案就在其中。

首先，美國的意義不只是一個政體或一套憲法規範。美國人有極強烈的社會認同，多元即是其中的一部分。當年我移民美國，初來乍到的我，偏向認同中國。我不諳英語，又沒有什麼歸屬感，關於美國我要學的還很多。我想就某個層面來說，在僅有少數亞洲移民的地方落腳，幫助我更快融入美國。此外，我也油然產生一股很想成為美國人的強烈欲望，美琪也是。我們都將美國視為自己的另一個家，我們珍惜自己的文化傳承，但是並沒有將它分開看待，而是將它視為我們為美國這幅豐富多樣的彩繪所添上的一筆。

當然，大量的移民湧入結果是否對美國有利，不見得是顯而易見的。例如在我居住的佛羅里達州，一九六〇年代開始湧進古巴難民時，曾引發極大憂慮。官員們厲聲預測經濟和生活品質將會變差，特別是在邁阿密這種大城市。然而，相反的情況發生了。由於古巴移民的移入，使得達德郡（Dade County）變成全美經濟成長最快的地區。當美國人欣然接納移民對多元性的貢獻，所有的人都會跟著發達興旺。

移民對社會的貢獻

我是個生意人，因此書中著重的大都是移民經商成功的故事。但不可否認的，移民在美國社會的各個角落都造成極大影響。很難想像美國的政治界、文學界、科學界、影藝娛樂圈和運動界少了移民會是何等光景。想想移民的意見如何形塑美國政治便可知。眾議員伊蓮娜・羅斯－雷提南（Ileana Ros-Lehtinen）是古巴移民，來自我定居的佛羅里達州；她自一九八二年成為首位拉美裔女性眾議員，便一直任職至今。瑪德琳・歐布萊特（Madeleine Albright）的政治生涯相當輝煌，包括曾擔任美國國務卿，而她是在捷克出生的。阿諾・史瓦辛格（Arnold Schwarzenegger）是生於奧地利的電影明星，後來成為加州州長；他的經歷是道道地地在美國功成名就的故事。不少人說要不是有法令禁止外國出生的公民當總統，他有可能會是絕佳的白宮大位角逐者。

在八十七位現任太空人當中，就有七名來自其他國家，包括哥斯大黎加、印度、英國、西班牙、祕魯及澳洲。他們探索其他天地的夢想，就從遷來這片土地開始啟程。

移民對美國文學的貢獻意義尤其重大；這些作家用他們的筆和心刻畫人類的困境。現代文學處處可見他們出色的作品，例如生於阿富汗的卡勒德・胡賽尼（Khaled Hosseini）寫出《追風箏的孩子》（The Kite Runner），印度裔的鍾芭・拉希莉（Jhumpa Lahiri）寫出《同名之人》

（Namesake），生於中國的哈金（Ha Jin）寫出《等待》（Waiting），阿颯兒．納菲西（Azar Nafisi）寫出《在德黑蘭讀羅莉塔》（Reading Lolita in Tehran）等，不勝枚舉。透過他們的作品，讓我們對各種不同文化有了可貴的領略。

我們更是無法想像美國的運動界若少了移民加入，會是什麼樣的情景？棒球這項「美國的全民娛樂」到處都看得到移民的身影。事實上，根據美國職棒大聯盟的統計，目前所有球隊陣容中，有二十八％是由來自其他國家的球員組成，包括帶領波士頓紅襪隊在二〇一三年奪冠的大衛．歐提茲（David Ortiz），便是出生多明尼加共和國。襄助他的還有來自古巴的隊友荷西．伊葛雷西亞（Jose Iglesias，打擊率〇．四〇九），以及來自日本的終結投手上原浩治（Koji Uehara）。

就連現任的美國小姐妮娜．狄佛勒瑞（Nina Davuluri）也是移民之女。美國小姐被視為少女們的榜樣，狄佛勒瑞則樂意扮演為多元性與機會代言的角色。「這是我們從小到大的觀念，」她說。「也就是無論你的性別、種族、族群、社經地位，任何人都可以追求自己的夢想，成其所是——不僅僅是當選美國小姐而已。這就是美國夢的整個概念，也是我此刻所體驗到的。」

從政治圈、文學界、棒球運動選手、美國小姐選拔、太空人……，移民在美國社會的各個領域都有傑出表現，在每個角落都造成極大的影響；移民所創造的多元文化，更讓美國的特殊表現凸顯於世界之間。

從狄佛勒瑞，還有我的家人身上，我一再看到一個充滿希望的趨勢，那就是下一代擁有美好的特質。整體來說，移民之子在收入、教育程度和住宅自有率等方面都高於平均值。他們都跟我的兒女一樣，自認是「典型」美國人，但另擁有各自的優勢。

得來不易的公民身分

我聽女兒們討論過紐約移民聯盟（New York Immigration Coalition）的凱倫．卡明斯基（Karen Kaminsky）談到的感想：「人們始終相信這裡能賜予你機會，只要你為努力去奮鬥。我認為如果你為了追求更美好的人生而移民，就必須具有這樣的信念。我想只要你這麼做，你的子女也會受到薰陶。」

我喜歡「選擇當美國人」這個說法，移民通常會如此形容自己。這是完全出於個人意願所做出的抉擇，伴隨著慎重的承諾與欣喜。要成為美國公民並不容易，你得用功研習並通過入籍測驗，而測驗的試題可能連大多數美國人都覺得頗困難。辛辛那提澤維爾大學的美國夢研究中心（Center for the Study of the American dream）曾進行一項調查，在電訪中詢問土生土長的美國人十個類似試題，結果僅有六十五%的人能夠答對六題，也就是通過入籍測驗的最低要求。

這些試題全與我們之所以可以成為美國人密切相關，例如議案如何成為法律，正當程序的意思為何，選出三個隸屬政府的部門，列出塑造我們國家的重大事件等。

當你毋須為了當美國人而努力時，或許難免會出現自滿的傾向。但入籍測驗的重點並不全在於答對試題。歸化為公民①的經驗會在一個人的心中留下難以抹滅的印象——就像刻在心版上，永難忘懷。你這一生都會珍惜公民這個身分。

(1)歸化儀式上宣讀的《效忠誓詞》內文：「我在此鄭重宣誓，完全放棄我對以前所屬任何外國親王、君主、國家或主權之公民資格及忠誠；我將支持和護衛美利堅合眾國之憲法與法律，對抗國內及國外所有敵人；我將真誠效忠美國；當法律要求時，我會為保衛美國拿起武器；當法律要求時，我會為美國做非戰鬥性之軍事服務；當法律要求時，我會在政府官員指揮下為國家做重要工作；我在此出於自由意願宣誓，絕無任何保留、企圖或藉口；我發誓，願上帝助我。」

Chapter 9

夢想的強大力量。

我來到美國那年，遇上這個國家正處於劇烈動盪的時期。美國總統遭到彈劾被迫下台，政府還在試圖從東南亞悽慘漫長的戰爭泥淖中掙脫，經濟急遽衰退，能源危機即將降臨，第二年的失業率高達八．五%，國會的支持率降到三十%，美國青年自覺受到剝奪。有論者以為，美國正步向衰微。

在那當下，我並沒有天真到對美國存著幻想，我看得出來美國遇到了難關。但是，我莫名地堅信美國終會擺脫那些難題，這個年輕的國家正步入塑造期。

令人興奮的是，我對美國的信心最終得到了證明。一九八〇年代，隨著雷根總統「美國迎春曉」的先見，宣告一個充滿榮景與樂觀的新時代到來。接下來的二十年，冷戰結束，經濟繁榮（尤其在我居住的陽光地帶），個人電腦與數位科技改變了世界；而對移民新的開放態度，為這個國家引進了我們時代最卓越、最聰明的一些革新者。衰退感明顯轉變為樂觀——對我而言，這展現出關於美國一個最重要的事實：美國總是會重振雄風。

移民是美國夢的守護者

在二〇〇八年的金融海嘯後，民調顯示年輕人普遍擔心他們將永無機會實現美國夢；他們懷疑勤奮工作是否就能讓他們擁有富足、甚至可能比上一代更好的生活。我想讓他們知道，機會在我年輕時賜予我的大禮，今日依舊等著他們。更進一步來說，**未來大有可能比過去任何時候更美好**。

這並非空口說白話；我是真心相信這個說法，我想據我所知美國之所以成其偉大的特質，描繪這個國家的美好願景，其中一個要素是移民。我一直稱移民是美國夢的守護者，這並不代表土生土長的美國人就在這個角色上缺席。只是，從我自己及其他人身上，我看到無庸置疑的證據，證明移民的心態和特點非常適合擔任守護者：

- 我們是出於自由意志，欣然選擇成為美國人。
- 我們懷著敬意為我們選擇接納的體制學習美式做法。
- 我們的抗壓性強——甚至是不屈不撓。或許我們並非生來就享有民主制度所賜予的一切，但我們靠著強烈的渴望和努力去獲取。
- 我們明白勤奮工作是希望的夥伴，而且我們在乎的是自己能為國家做些什麼，而非國家能為我做些什麼。

現代的移民比過去更清楚，美國並不是一張溫暖的安全毯圍裹著我們，給予我們舒適，而是一個驅動我們去發明與創造的推手。很多人因為美國詩人愛瑪．拉薩路（Emma Lazarus）那首刻在自由女神像基座上的詩，誤解了美國對移民的應許。這首詩非常有名，每個學童都唸過：「把那身心疲憊、生活困頓、畏縮驚恐的弱勢者，那嚮往自由呼吸，卻被棄於擁擠的彼岸，都給我，將那無家可歸、顛沛流離的人們送來我這兒。」其實，這首詩是在自由女神像豎立在紐約港很久之後才寫成，它不過是段小插曲。我們還可以再加上這幾句：「讓你們的夢想家和創新者來我這兒，讓渴望機會並被無限可能激勵的探尋者和奮鬥者來我這兒。」

當年我決定來到美國時，並非為了逃離絕望的困境，也不是走投無路，孑然一身，無親無故。我並沒有受苦受難，生命和自由也沒有遭到威脅；並非無家可歸或顛沛流離。我做出移民美國的抉擇，是因為我想追求更多，而美國代表著這個希望。

美國是世界上唯一如此慷慨分享它的夢想的國家，正因為如此，大多數移民願意接受它的價值觀，而這些移民之子，就如我的子女一樣，樂於自稱是「典型美國人」。

放眼未來，設法改變

美國最吸引人也最大有可為的特質之一，是它具有實驗性。「實驗」的本質是具開放性且放眼未來，就算其中一個元素出了問題，依舊有很多成功的機會。我不否認美國有它的問題存在，有些問題還頗嚴重，但是這些問題的嚴重性從未超過這個獨特實驗所具備的驚人可能性。醫學博士班．卡森（Ben Carson）在他的著作《美哉美國：重新發現讓這個國家偉大的要素》（**In America the Beautiful: Rediscover What made this Nation Great**）中，描繪這個前景。他寫道，「美國的歷史雖然相當短，它卻讓人類在地球上的存在產生了轉變。有許多因素造就我們的成功，其中一項便是我們刻意創造一種利於創新和奮鬥的社會環境……這世上頭一回有個國家著眼於創造出一個『民有、民治、民享』的國度。」

這個基本原則讓我們每一個人得以擁有各自的夢想，我們不需要無奈地仰賴政府，為此感到絕望，因為扭轉局勢全靠你我。只要我們有想法、創意和追求成功的意願，就能夠繼續打造美國。正因如此，當年輕人對我說他們對美國的未來不抱希望，我總是理直氣壯地回答他們：「那就設法改變現狀。」當我還是個的小伙子，手頭缺錢又在為創業奮鬥的時候，我也是這樣告訴自己。

我知道，**未來永遠掌握在自己的手中**。

因此，眼前我在思考美國的未來和夢想的力量時，我想分享的是自己之所以堅信美國會比過去更強盛的幾個理由：

一、美國的包容開放，保障並啟發我們

在美國，我們都會以自己居住的州為榮，不過大多數人都會假想有一天或許會搬去任何一州生活。我們有十足的把握，即使搬遷到矽谷、芝加哥或西雅圖等其他地方，當地的公家機關和企業採用的也是同一套規矩。我們不會覺得自己像外人。

如果把這種強烈的認同感跟歐盟做個對照。歐盟的建立是為了將歐洲各國統合起來，它的座右銘「多元一體」（unity in diversity）聽起來幾乎像在講美國；但是當你進一步深究，就會發現除了歐元這個通用貨幣外，幾乎看不出來歐盟擁有真正的全民認同。就如國際知名學者暨評論家法蘭西斯．福山（Francis Fukiyama）所說的，「歐洲認同並未形成，換句話說，歐盟在試圖建立對歐洲的認同感上一直未沒有成功過。就連在各種既定協議裡的文字之外，可以確立歐盟人民共同的義務、責任、職責和權利，這樣的歐洲公民意識也沒有形成。因此歐盟就很多方面來說，像是技術官僚為行使經濟效率而打造的。如今我們可以看到，經濟以及後國族主義的價值觀，並不足以將歐洲國家真正統合在一起。」

認同感——我們認同的是「上帝庇佑下的一個國家」——是天生的，它深植於我們國家的DNA裡。或許我們會認同個人所居住的州，譬如「我是德州人」；或是認同家族的根源，譬如「我的家族來自義大利」。但是我們的國家認同是更深一層的，無論去到世界的哪個角落，我們會說「我是美國人」，但你幾乎聽不到有人自稱「我是歐洲人」，反倒比較常聽到歐洲人

稱自己為法國人、英國人、義大利人，或德國人。

美國是建立在這種國家認同上，而非後來強加進去的。這話並不表示歐盟就永遠無法將全部人民統合在同一身分認同下，只不過延續數千年之久的民族主義觀念，不是那麼容易就能克服的。

二、美國歡迎所有人，無論你是誰

曾任美國國務卿與國家安全顧問的柯林．鮑威爾（Colin Powell）①曾多次被推崇為美國的英雄；他的雙親來自牙買加。鮑威爾曾經講過一個故事，故事跟他所謂美國人民的「好客天性」有關，令我深受感動。

某次他對一群巴西交換學生演講時，請他們談談自己的經驗，其中一名學生提到他們一群十二名交換學生去芝加哥某家餐廳用餐時發生的一段插曲。這群學生用完餐後，才發現身上沒有足夠的錢付帳。他們很害怕，不曉得會有什麼下場。最後他們好不容易鼓起勇氣告訴服務生，服務生去知會她的上司。她回來後竟告訴他們，經理說不要緊。他們吃驚極了，擔心這名服務生必須自掏腰包補足這筆差額。她微笑說：「不會的，經理說他很高興你們來到美國，他希望你們玩得開心，也能認識我們的一切。他說這筆帳算他的。」

鮑威爾講到這裡，還補充一句，「這正是我所深信的美國，也是全世界想信賴的美國。」

我相當贊同。

這令我想起當年那個年輕窮學生，隻身在密蘇里，被大衛與瑪麗所接納，很可能是他們所展現的無比善意和支持，真正改變了我的一生。大多數移民都有這類故事可以告訴你，典型的熱心美國人如何在他們感到飄零無依，沒有安全感的時候，對他們伸出援手。美國的好客天性不只是反映在這些軼事上，也不是只有初來乍到者或遊客才享有如此待遇。我們的國家是建立在人人享有均等機會這個想法上。這裡所謂的「人人」，有可能是出生在阿肯色州、孟加拉或台灣的孩子，所有公民都可朝個人的夢想自由發展。美國憲法保障每一個公民，無論其種族、階級或來自何方，並稱這種平等是「不證自明」。

相對的，世上許多國家至今依然由單一民族組成，也不習慣與外來者共處。以日本為例，它是個先進的國家，在很多方面都十分創新，但全國人口中僅有一．七%是在外國出生。在其他很多國家根深柢固的本土主義，在美國從沒有真正得勢，因為**我們的國家是由後來變成「自己人」的「外來者」所建立的**。

三、美國是個樣樣俱足的國家

在印度孟買出生長大的傑出學者和作者迪內希．德索薩（Dinesh D'Souza），將繽紛多彩的美國形容成一個富饒豐足的國度。他回顧自己的經驗寫道：「第一次看到美國的初來者，通常會感受到驚嘆和歡喜夾雜的情緒。這個國家的一切都運作順暢，街道乾淨平整、公路標示清楚準確、公共廁所的設備功能良好。拿起電話聽筒，你會聽到撥號音；在商店也能買到所需商品帶走。對來自第三世界的造訪者而言，美國的超市堪稱奇觀：一條條的走道兩旁擺滿了你所能想像得到的各色商品，五十種不同的穀麥片，還有各式口味的冰淇淋。」

的確，或許這些特點看似非常表象——即便我們大多數人都將它們視為理所當然。但美國之所以成為一個豐饒富足的國度，是因為我們向來不甘於平凡。由於美國缺乏悠久的歷史，於是人們決定在現代留下值得誌記的一筆。美國國民都有一種心態，只要我們想得到的，就能辦到。我們擋都擋不住的獨創性便是源自於這種態度，尤其是在科技方面。舉凡谷歌、蘋果手機、亞馬遜網路商城、臉書和 eBay 都是美國創造的產物，此外還有電話、飛機、信用卡和提款機也是。

我們的創造性是一張兼容全球的畫布，集世界上各種文化，而顯豐富多樣。在美國的任何一條街道或商業區，都可看到好幾家不同民族風味的餐館，我們選擇的做法是欣賞來自別國的特點，借用並加以採納。

四、美國有想贏的欲望，而且不會被挫折擊倒

美國人喜歡東山再起的故事，在美國歷史上不乏許多例子。就如我之前指出的，實驗不見

得都順利無阻。不過在我們的歷史中，每歷經一次低迷，緊接下來都是更強勁的回升。我們奮鬥，調適，興旺。當初美國誕生的過程，便是人類史上最不可思議的事件之一。一群烏合之眾組成軍隊，打敗強大的英軍，接著還決定採行未曾有國家嘗試過的政體，實在是很了不起。而南北戰爭、經濟大蕭條、以及珍珠港遭襲等重大打擊，是美國經歷過的其中幾個劇變而已，僅其中一件事，就很可能會讓一個弱小的國家從此一蹶不振；但我們屹立至今，比過去更繁榮更強盛，更有彈性，去面對所有問題。

我們以自己的成就自豪，並持續向上提升。我剛開始到哈佛大學亞洲研究中心擔任能源效率資深研究員時，相當欽佩美國各地的研究機構，為了全球福祉，擔負起解決能源問題的艱鉅挑戰。我們也決心要克服國內的能源危機，慢慢往前進。據目前的估計，美國到二〇二〇年將能達到能源自主的目標——這是科技上的一大躍進，可望讓我們為製造業的就業開創新紀元，同時也更安全，更有效率。那些擔憂美國製造業正逐漸消失的人，只消向前看就能望見這個光明的前景。

布魯金斯研究院的一份報告簡述了美國的調適力：「過去的成功並不保證未來的成功。但是從歷史證據似乎可清楚看出一點：美國的體制，儘管其性質諸多乏味，卻也顯示美國從困境調適和恢復的能力強過許多國家，包括它在地緣政治上的競爭者。這點無疑跟美國社會的相對自由相關；**這種社會獎勵通常不在既有權力結構內的創新者，開發新的製造技術**。而美國相對開放的政治體系也使運動得以集聚力量，去影響政治集團的行為。」

五、美國是全球經濟的動力來源

目前美國的國內生產毛額達十五點五六兆美元，並占全球消費者購買力的三十%；而美國人的個人年均收入是全球最高——超過五萬美元。

在這個全貌之下，是成千上萬大大小小的企業，推動美國的經濟實力，而**用人唯才的原則更確保我們的企業擁有成功的機會**。資本主義和自由市場這種充滿活力的制度，讓勤奮工作和常提出新點子的人能得到回饋。只要點子好，它們打那來的並不重要。比方說，我想不出世界上有那個國家會為移民提供如此龐大的貸款方案，或泰然讚譽他們的成功。臉書上甚至有個網頁叫「美國靠移民運轉」。

美國經濟影響力最不同凡響的一點是它建立在一套價值觀上，其中包括社區責任。例如，星巴克的執行長霍華．舒茲（Howard Schultz）談到這家公司的巨大成功時，當下就將其歸功於為社會盡一份責任的公司理念，並表示，「**公司的價值觀決定公司的價值**。」這種心態普遍存在於全美各地的企業，而且我可以很自豪地說，這些價值觀一直是我的公司之所以成功的基本要素。

除了這個觀念②，美國的富裕繁榮還有一點令人嘆服的，那就是美國人的慷慨。二〇一二年，美國還未從嚴重的經濟衰退中完全恢復，美國的個人與企業仍捐出三千一百六十億美元做為慈善之用，還比前一年增加了三・五%。更叫人驚嘆的是，將近一百位億萬富響應股神巴菲特和微軟創辦人比爾・蓋茲的登高一呼，捐出他們半數以上的財產做慈善。從這個空前之舉就可看出美國的精神。我們重視財富，也以美國的富裕繁榮為傲，但我們並未淪為守財奴，我們樂於分享與回饋，將財富用於創造更多機會。

六、美國相信追求幸福的權利

在《獨立宣言》中，追求幸福被視為不可剝奪的權利，這是一個很有勇氣的抉擇。諾貝爾文學獎得主V・S・奈波爾（V. S. Naipaul）③說得好，「它意謂著某種特定的社會，某種特定的覺醒精神。」我們談到不少這個國家的人民如何奮鬥和辛勤工作，但我們講的並非為了求成功而長久機械式地做牛做馬。辛勤工作和努力奮鬥，永遠為的是追求幸福這個不可剝奪的權利。它代表的意義或許因人而異，但我們對這個權利的珍視，使我們不同於世上其他國家。

我對追求幸福之權利的理解是，**它允許你勇於夢想，無論你的處境多卑微**，都不會因此受局限。我們為何苦苦奮鬥？為何努力工作？為何用功讀書？這一切都是為了獲得那些能為我們帶來成就感、滿足和啟發的事物。當我第一次巡視我一手建立起來的工廠時，不禁熱淚盈眶。我得到了長久以來所追求的幸福。我這一生何其有幸，擁有不少這類經驗。

《時代》雜誌在二〇一三年製作了一篇以追求幸福為主題的封面報導。作者傑佛瑞．克魯杰（Jeffrey Kluger）這麼說：「沒有一個美國人是單憑優秀的基因、良好的出身或聰明的頭腦，便承繼幸福。幸福對一個文明而言，較像是一種生命徵象，有如一個國家的體溫和心跳。就如所有生命徵象般，它會變動。但也像所有生命徵象，有一個設定點，一個必須盡力回復的範圍。長久以來，美國的幸福設定點一直都相當且健全，也許只是單純拜體質、歷史和環境之賜。儘管如此，恩賜就是恩賜。我們善加利用這點，向來如此且很可能會永遠如此。」

對幸福的追求使我們得以自由夢想並予以實現，我個人相信，這就是我們所說的美國獨特性的真諦。美國是獨一無二的，因為我們是數百年來第一個建立的新國家，也是第一個決定將國家建立在人民擁有生命權、自由權和追求幸福之權利的基礎上。

政府官員琳達．查維茲（Linda Chavez）是知名的拉美裔政治人物，她也是主張移民開放政策的倡議者。她曾說，「讓美國異於其他國家的主要特質之一，是我們雖是全球擁有最多元國民的國家之一，但我們卻能打造出一個全民共有的國家認同。雖然我們的政治和公共機構是紮根在盎格魯清教徒的基礎上，但我們成功在一、兩代的時間內，將每個人從德國農場主、中國勞工、猶太農民轉變成美國人。」

培養樂觀的精神

美國賜予我們的機動性、多元性、創造力、慷慨、生產力、自由和追求幸福的權利，有如明燈，照出一條大道，通往更美好的未來。

有些人擔憂接下來這幾十年將會如何，並懷疑自己能否克服前方的種種挑戰。對這些人，我能夠提供一大堆如何在美國有所成就的建議。但我們還是得面對現實，追求成功的過程是從擁有信念開始的，這表示你必須培養樂觀的精神。當你心存疑慮時，不妨想像自己跟一小撮公民立法者，在很久以前的那個寒夜，齊聚費城，必須超越一切實證之力，選出適合這個新國家的制度。你不妨想像自己乘著船飄洋過海，不再返回家鄉或家人身旁，只為追隨召喚著我們的那顆星。不妨想像各行各業的美國人下決心克服令人無力的恐懼、向前邁入未知領域的每一刻。這是我們獨一無二的故事，而每個人都參與其中。

(1) 柯林．鮑威爾寫到自己所知與所愛的美國：「在國務卿任內訪問世界各國時，我碰過反美的情緒，但也遇過存在於人們內心對美國的敬重和喜愛。人們依然想來這裡。無家可歸的難民都明白美國是他們夢想的國度。儘管必須接受額外的審查，他們依然在我們的使館外面排隊申請美國簽證。「瞧！我相信二〇〇五年的美國仍是當年吸引茉德．愛瑞爾．麥考伊（Maud Ariel McKoy）和路德．鮑威爾（Luther Powell）及數以百萬的人來此的美國。這個美國每天賜予新移民跟我父母相同的賜禮；這個美國實踐一套啟發世界各國自由與民主的憲法；這個美國擁有慷慨、開放、寬容的心胸，對世界各地需要協助的人伸出援手。這個美國有時看似迷失又總是眾聲喧嘩。但這個喧嘩有個名字，它叫作民主；而我們便是靠它在迷途中找到方向。這個美國依舊是照亮世上黑暗角落的燈塔。」

(2) 參見二〇一三年八月十九日 mercatornet.com 網站的《美國的慷慨無人能比》（American Generosity Second to None）一文，文森辛娜．山托羅（Vincenzina Santoro）撰文。這篇文章引述了印第安那州立大學慈善事業中心（Center on Philanthropy at Indiana University）與美國施惠基金會（Giving USA Foundation）合作的研究。基金會發布的〈美國施惠〉（Giving USA）調查，提供了美國的私人慈善捐款和非營利組織的相關數據，包括以協助美國以外國家為主的非營利組織。最新一版的調查顯示，二〇一二年美國的個人與企業總共捐出三千一百六十億美元做為慈善之用，相當於國內生產毛額的二%，比前一年增加了三．五%。儘管經濟不景氣，失業率相對較高，工資幾乎未漲，但個人捐款卻占所有捐款的七十二%，相當於兩千兩百九十億美元，比前一年增加三．九%，超過總平均數。參見 http://www.mercatornet.com/articles/view/american_generosity_second_to_none#sthash.MjE9heSc.dpuf。

(3) 諾貝爾獎得主奈波爾於一九九〇年在曼哈頓研究所（Manhattan Institute）的演講中說了這席話，並更進一步表示，「追求幸福的這個概念對不在其中或僅在外圍的人來說，是文明之魅力的核心。思及這個概念在經歷了兩百多年還有這個世紀前半的可怕歷史後，最終竟得以實現，令我覺得很了不起。它是一個有彈性的概念，適用於全體人類。它意謂著某種特定的社會，某種特定的覺醒精神。我無法想像我信奉印度教的祖父母能夠理解這個概念。它的內容如此豐富：個人、責任、選擇、知識份子生活等概念，還有志業、完善性和成就的概念。它是一個極其龐大的人類概念，無法被化約一個固定的制度，也無法引起狂熱，但是大家都知道它的存在，正因如此，其他較僵化的制度最後便會崩解。」

後記

一直以來，我都備受周遭的人照應。沒有一個人能光憑自己的力量就獲致成功。我的奮鬥歷程中，如果少了在每個階段不斷給予我愛與支持的那些人，便無法造就今日的我。

首先也最重要的是感謝美琪。她讓我的人生得以如我所願。她是我的力量與幸福之源。還有我們三個出色的兒女徐強、徐怡與徐潔，使我們的生活充滿喜悅，而已成年的他們所擁有的創意與願景，也令我們欣喜。我真是世上最幸運的丈夫和父親！

感謝我的父母，還有我的大哥徐紹銘、大姊徐紹卿，以及二哥徐紹銓，他們給予我多年來的愛護與支持令我終生受惠良多。

這本書若少了一群人的支持，不可能完成。我很感激傑瑞・詹金斯（Jerry Jenkins）和莉亞・尼可森（Leah Nicholson）的熱心和指引；他們協助我跟我不熟悉的出版界協商，並為我引介才華洋溢的專業人士。凱薩琳・惠特尼（Catherine Whitney）知悉我的看法和我想傳達的意念，並將我的建言與構想轉化為流暢的文字，讓我得以表露對美國的深切熱愛。感謝麥克・葛瑞斯（Mike Greece）一直伴隨著我，協助我想出最適合這本書的呈現方式；他的創意和博學是無價的寶物。

當初我以一個年輕學生的身分來到這個國家，是大衛和瑪麗・米勒夫婦激勵了我。他們接納我，指引我，他們的愛與支持令我終身難忘。讓人悲傷的是，大衛於今年過世。我希望以這本書來紀念這位我在美國的第一位良師益友。

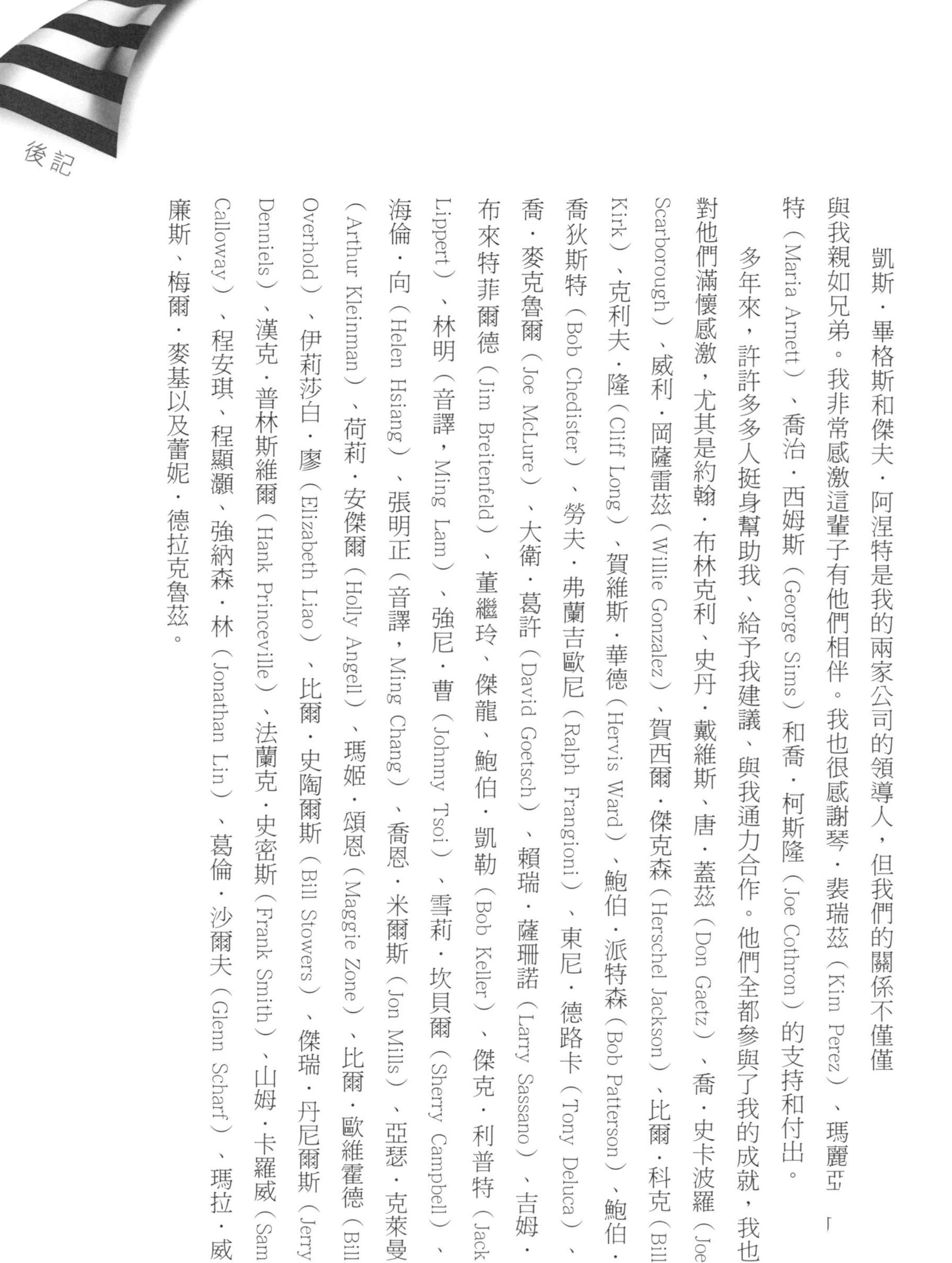

凱斯・畢格斯和傑夫・阿涅特是我的兩家公司的領導人，但我們的關係不僅僅與我親如兄弟。我非常感激這輩子有他們相伴。我也很感謝琴・裴瑞茲（Kim Perez）、瑪麗亞[illegible]特（Maria Arnett）、喬治・西姆斯（George Sims）和喬・柯斯隆（Joe Cothron）的支持和付出。

多年來，許許多多人挺身幫助我、給予我建議、與我通力合作。他們全都參與了我的成就，我也對他們滿懷感激，尤其是約翰・布林克利、史丹・戴維斯、唐・蓋茲（Don Gaetz）、喬・史卡波羅（Joe Scarborough）、威利・岡薩雷茲（Willie Gonzalez）、賀西爾・傑克森（Herschel Jackson）、比爾・科克（Bill Kirk）、克利夫・隆（Cliff Long）、賀維斯・華德（Hervis Ward）、鮑伯・派特森（Bob Patterson）、鮑伯・喬狄斯特（Bob Chedister）、勞夫・弗蘭吉歐尼（Ralph Frangioni）、東尼・德路卡（Tony Deluca）、喬・麥克魯爾（Joe McLure）、大衛・葛許（David Goetsch）、賴瑞・薩珊諾（Larry Sassano）、吉姆・布來特菲爾德（Jim Breitenfeld）、董繼玲、傑龍、鮑伯・凱勒（Bob Keller）、傑克・利普特（Jack Lippert）、林明（音譯，Ming Lam）、強尼・曹（Johnny Tsoi）、雪莉・坎貝爾（Sherry Campbell）、海倫・向（Helen Hsiang）、張明正（音譯，Ming Chang）、喬恩・米爾斯（Jon Mills）、亞瑟・克萊曼（Arthur Kleinman）、荷莉・安傑爾（Holly Angell）、瑪姬・頌恩（Maggie Zone）、比爾・歐維霍德（Bill Overhold）、伊莉莎白・廖（Elizabeth Liao）、比爾・史陶爾斯（Bill Stowers）、傑瑞・丹尼爾斯（Jerry Denniels）、漢克・普林斯維爾（Hank Princeville）、法蘭克・史密斯（Frank Smith）、山姆・卡羅威（Sam Calloway）、程安琪、程顯灝、強納森・林（Jonathan Lin）、葛倫・沙爾夫（Glenn Scharf）、瑪拉・威廉斯、梅爾・麥基以及蕾妮・德拉克魯茲。

創新致富

從2萬到20億的創業之路

Guardians of the Dream

徐紹欽──著
Paul Hsu

國家圖書館出版品預行編目(CIP)資料

創新致富：從2萬到20億的創業之路 / 徐紹欽著. -- 初版. -- 臺北市：四塊玉文創, 2014.07
面； 公分
譯自：Guardians of the dream
ISBN 978-986-90732-8-8(平裝)

1. 創業 2. 企業管理

494.1　　103011647

文字翻譯 朱耘
文字統籌 翁瑞祐
發行人 程顯灝
總編輯 呂增娣
執行主編 李瓊絲
主編 鍾若琦
編輯 吳孟蓉・程郁婷・許雅眉
美術主編 潘大智
美術編輯 劉旻旻
行銷企劃 謝儀方
出版者 四塊玉文創有限公司
總代理 三友圖書有限公司
地址 106台北市安和路二段二一三號四樓
電話 (02) 2377-4155
傳真 (02) 2377-4355
E-mail service@sanyau.com.tw
郵政劃撥 05844889 三友圖書有限公司
總經銷 大和書報圖書股份有限公司
地址 新北市新莊區五工五路2號
電話 (02) 8990-2588
傳真 (02) 2299-7900
初版 二〇一四年八月
定價 新臺幣300元
ISBN 978-986-90732-8-8(平裝)